Denise Chan

Thermische Alterung von Dieseloxidationskatalysatoren und NO$_x$-Speicherkatalysatoren

Korrelierung von Aktivität und Speicherfähigkeit mit physikalischen und chemischen Katalysatoreigenschaften

Thermische Alterung von Dieseloxidationskatalysatoren und NO$_X$-Speicherkatalysatoren

Korrelierung von Aktivität und
Speicherfähigkeit mit physikalischen
und chemischen Katalysatoreigenschaften

von
Denise Chan

Dissertation, Karlsruher Institut für Technologie (KIT)
Fakultät für Chemie und Biowissenschaften
Tag der mündlichen Prüfung: 16. Dezember 2013

Impressum

Scientific
Publishing

Karlsruher Institut für Technologie (KIT)
KIT Scientific Publishing
Straße am Forum 2
D-76131 Karlsruhe

KIT Scientific Publishing is a registered trademark of Karlsruhe
Institute of Technology. Reprint using the book cover is not allowed.

www.ksp.kit.edu

Print on Demand 2014

ISBN 978-3-7315-0162-6
DOI: 10.5445/KSP/1000037905

Thermische Alterung von Dieseloxidationskatalysatoren und NO$_x$-Speicherkatalysatoren: Korrelierung von Aktivität und Speicherfähigkeit mit physikalischen und chemischen Katalysatoreigenschaften

Zur Erlangung des akademischen Grades eines
DOKTORS DER NATURWISSENSCHAFTEN
(Dr. rer. nat.)

Fakultät für Chemie und Biowissenschaften
Karlsruher Institut für Technologie (KIT) - Universitätsbereich
genehmigte

DISSERTATION

von
Dipl.-Chem. Denise Chan

aus
Hongkong

Dekan: Prof. Dr. Peter Roesky

Referent: Prof. Dr. Olaf Deutschmann

Korreferent: Prof. Dr. Jan-Dierk Grunwaldt

Tag der mündlichen Prüfung: 16. Dezember 2013

*"Attitude is a little thing
that makes a big difference."*

Winston Churchill (1874-1965)

*„ Die Entdeckung,
dass es so einfach nicht ist,
wie man gedacht hat,
ist als Gewinn anzusehen. "*

Carl Friedrich von Weizsäcker (1912-2007)

Abstract

The increasing demands on emission limitations caused by legislative directives call for mathematical modeling and simulation to support the development of automotive exhaust gas aftertreatment systems and the optimization of operation strategies. Since the efficiency in pollution abatement of automotive converters decreases over the technical lifetime, the aging behavior has to be considered when designing aftertreatment systems. The objective of this work is a better understanding of thermal aging of diesel oxidation catalysts and NO_x storage/reduction catalysts.

CO light-off and CO chemisorption measurements were performed on a commercial Pt/Al_2O_3 diesel oxidation catalyst, subsequent to various aging treatments. Therby, the aging temperature and the aging time as well as the aging atmosphere were varied. The catalytic activity is shown to correlate to the catalytic surface area. This correlation exhibits the same trend for all investigated aging temperatures, aging times and lean aging atmospheres. However, no distinct correlation between these two characteristic quantities is found for aging treatment in N_2. The mechanism of noble metal sintering seems to depend on the oxygen content of the aging atmosphere, with aging in N_2 leading to a particle size distribution which is more beneficial to the catalytic activity for CO oxidation, as compared to the particle sizes arising from lean aging conditions. This observation also implies that CO oxidation over platinum is structure sensitive.

A microkinetic model for the platinum-catalyzed oxidation of CO is proposed which comprises two different paths for CO_2 formation. The experimentally found correlation between catalytic activity and catalytic active surface area can be used for simulation of the shift in CO light-off temperature caused by lean hydrothermal aging. Spatially resolved gas-phase concentration profiles of CO and CO_2 during CO oxidation at full conversion were measured and compared with simulation results for further evaluation of the model.

The impact of various aging conditions on the reaction kinetics and the storage capacity of a commercial NO_x trap catalyst were investigated under realistic conditions. Detailed characterization of the catalyst samples were conducted by means of N_2 physisorption,

CO chemisorption, X-ray diffraction and electron microscopy. The changes of the physical and chemical catalyst properties are found to strongly depend on the aging atmosphere. Therefore, the deterioration of the catalysts activity after aging is caused by different structural changes depending on the aging atmosphere. Variation of the aging time does not give rise to a fundamentally different aging behavior.

Kurzfassung

Die stetig steigenden Anforderungen an die Emissionslimitierung bei Kraftfahrzeugen erfordern die Verwendung von mathematischen Modellen und ein simulationsgestützes Vorgehen bei der Entwicklung von Autoabgasnachbehandlungssystemen und der Optimierung von Betriebsstrategien. Da die Aktivität der für die Abgasreinigung eingesetzten Katalysatoren über die Lebensdauer abnimmt, ist die Berücksichtigung des Alterungsverhaltens bei der Auslegung der Systeme unerlässlich. Das Ziel dieser Arbeit ist ein besseres Verständnis der thermischen Alterung von Dieseloxidations- und NO_x-Speicherkatalysatoren.

Ein kommerzieller Pt/Al_2O_3-Dieseloxidationskatalysator wurde im Anschluss an unterschiedliche Alterungsbehandlungen mittles CO-Light-Off- und Chemisorptionsmessungen untersucht, wobei sowohl Alterungstemperatur und Alterungsdauer als auch die Alterungsatmosphäre variiert wurden. Die Untersuchungen ergaben, dass die katalytische Aktivität mit der katalytisch aktiven Oberfläche korreliert. Die gefundene Korrelation weist für alle untersuchten Alterungstemperaturen, Alterungsdauern und magere Alterungsatmosphären denselben Trend auf. Jedoch konnte nach Alterungsbehandlung in N_2 kein eindeutiger Zusammenhang dieser beiden charakteristischen Größen gefunden werden. Die Ergebnisse weisen darauf hin, dass der Mechanismus der Pt-Partikelsinterung vom Sauerstoffgehalt der Alterungsatmosphäre abhängig ist und die Alterung in N_2 zu einer Partikelgrößenverteilung führt, die für die katalytische Aktivität gegenüber der CO-Oxidation vorteilhafter ist als die Partikelgrößenverteilung, die aus der Alterung unter mageren Bedingungen hervorgeht. Somit konnte auch die Struktursensitivität der Platin-katalysierten CO-Oxidation bestätigt werden.

Es wird ein mikrokinetisches Modell für die Platin-katalysierte CO-Oxidation vorgeschlagen, das zwei unterschiedliche Pfade für die Bildung von CO_2 beinhaltet. Die experimentell gefundene Korrelation zwischen katalytischer Aktivität und katalytisch aktiver Oberfläche kann für die Simulation der Verschiebung der CO-Light-Off-Temperatur nach magerer hydrothermaler Alterung angewendet werden. Zur Evaluation des Modells wurden ortsaufgelöste Konzentrationsprofile von CO und CO_2 während der CO-Oxidation gemessen und mit den Simulationsergebnissen verglichen.

Unter realitätsnahen Bedingungen wurde der Einfluss unterschiedlicher Alterungsbedingungen auf das Umsatzverhalten und die Speicherfähigkeit eines kommerziellen NO_x-Speicherkatalysators untersucht. Mittels N_2-Physisorption, CO-Chemisorption, Röntgendiffraktometrie und Elektronenmikroskopie wurde eine detaillierte Charakterisierung der Katalysatorproben vorgenommen. Es wurde festgestellt, dass die Veränderungen der physikalischen und chemischen Eigenschaften des Katalysators stark von der Alterungsatmosphäre abhängig sind, sodass die alterungsbedingte Abnahme der Katalysatoraktivität auf unterschiedliche strukturelle Veränderungen zurückzuführen ist. Die Variation der Alterungsdauer führt zu keinem grundlegend verschiedenen Alterungsverhalten.

Inhaltsverzeichnis

1. Einleitung

Die zunehmende Industrialisierung und Globalisierung eröffnet der Menschheit nicht nur neue Möglichkeiten, sondern stellt sie auch vor neue Herausforderungen. Um eine nachhaltige Entwicklung zu garantieren, müssen die Folgen anthropologischen Handelns für die Umwelt abgewägt und gegebenenfalls eingedämmt werden. Aktuell stellen im Kontext des Straßenverkehrs die Optimierung der motorischen Verbrennung zur Steigerung der Kraftstoffeffizienz sowie die Vermeidung von Schadstoffen eine große Herausforderung für Gesellschaft, Automobilindustrie und die Wissenschaft dar.

Der steigende Lebensstandard und der zunehmende Bedarf an Mobilität haben zu einer seit Jahrzehnten stetigen Zunahme des weltweiten Kraftfahrzeugbestands geführt [1]. Bereits in den vierziger Jahren des letzten Jahrhunderts wurde eine deutliche Verschlechterung der Luftqualität in einigen Großstädten bemerkbar. Der Beginn der Massenproduktion an Kraftfahrzeugen in den 1960er Jahren machte eine gesetzliche Begrenzung der Schadstoffemissionen notwendig. Nachdem in den 1970er Jahren zunächst in den USA und Japan, später auch in Europa die ersten Gesetze erlassen wurden, verbesserte sich die Luftqualität erheblich. So konnten die emittierten Schadstoffmengen bereits 1996 im Vergleich zu 1970 um 96 % vermindert werden [2], was allein durch Erhöhung der Effizienz von Fahrzeugmotoren nicht zu erreichen gewesen wäre. Vielmehr waren der Einsatz sowie die stetige Weiterentwicklung von Autoabgaskatalysatoren unabdingbar. Eine sich über die Jahre verschärfende Gesetzgebung macht weitere Forschungsanstrengungen auf diesem Gebiet erforderlich (Tabelle 1.1).

Angesichts der begrenzten Reserven an fossilen Rohstoffen und der Erwärmung der Atmosphäre durch den anthropogenen Treibhauseffekt, zu dem die bei Verbrennungsmotoren unvermeidbare Emission von CO_2 beiträgt, ist zudem eine Reduzierung des

Schadstoff $\left[\frac{g}{km}\right]$	EURO 1 1992	EURO 2 1996	EURO 3 2000	EURO 4 2005	EURO 5 2009	EURO 6 2014
CO	2,72	1,0	0,64	0,5	0,5	0,5
NO_x	-	-	0,5	0,25	0,2	0,08
$HC + NO_x$	0,97	0,9	0,56	0,3	0,25	0,17
Partikel	0,14	0,1	0,05	0,025	0,005	0,005

Tab. 1.1.: Europäische Abgasgrenzwerte für Pkw mit direkteinspritzendem Dieselmotor bis 3,5 t Gesamtgewicht [3, 4].

Kraftstoffverbrauchs notwendig. Gegenwärtig wird nach Angaben der Bundesanstalt für Geowissenschaften und Rohstoffe jährlich eine Menge an Erdöl verbraucht, für deren Bildung in der Erdkruste eine halbe bis eine Million Jahre benötigt wird [5]. Das Maximum der Ölförderung wird nach aktuellen Szenarien bezüglich der Förderung von konventionellem Erdöl zwischen 2007 und 2034 datiert [6]. Eine Erhöhung der Kraftstoffeffizienz führt nicht nur zu einem verminderten Verbrauch an fossilen Energierohstoffen, sondern auch zu einem reduzierten Ausstoß an CO_2, welches zu 60 % zum anthropogenen Treibhauseffekt beiträgt und eine Versauerung der Weltmeere hervorruft. Im Jahr 2010 verursachten der Energiesektor und der Transport insgesamt zwei Drittel der weltweiten CO_2-Emissionen, wobei der Transport mit 22 % sogar für einen größeren Anteil der Emissionen verantwortlich war als die Industrie mit 20 % [7].

Auch wenn langfristig auf alternative, regenerative Energieträger zurückgegriffen werden muss, kommt dem Verbrennungsmotor aufgrund der hohen volumenbezogenen Energiedichte des Kraftstoffs mittelfristig für die mobile Anwendung weiterhin eine große Bedeutung zu [1]. Alternative Antriebsformen durch Brennstoffzellen und Batterien sind derzeit für größere Distanzen nicht markttauglich. Außerdem ist zu bedenken, dass der potenzielle ökologische Vorteil elektrisch betriebener Fahrzeuge stark von der Produktionsweise des Stroms und der dafür verwendeten Primärenergieform abhängt. Der Anteil an regenerativen Primärenergieträgern, bezogen auf die Bruttostromerzeugung, betrug im Jahr 2012 in Deutschland 22 %, wohingegen fossile Energieträger mit einem Anteil von

56 % immer noch die Elektrizitätswirtschaft dominieren [8]. Dies zeigt, dass zur Zeit auch die Elektromobilität größtenteils auf fossilen Rohstoffen beruht.

Mager betriebene Verbrennungsmotoren, insbesondere Dieselmotoren, haben in den letzten Jahren aufgrund der im Vergleich zum stöchiometrisch betriebenen Ottomotor geringeren Rohemissionen von Schadstoffen sowie ihrer im niedrigen und mittleren Lastbereich weitaus überlegenen Kraftstoffeffizienz an Bedeutung gewonnen. Da der Treibstoff jedoch unter Sauerstoffüberschuss verbrannt wird, stellt die selektive Reduktion von Stickoxiden (NO_x) im Abgas zu Stickstoff eine technische Herausforderung dar. Die für konventionelle Ottomotoren etablierten Dreiwegekatalysatoren sind ausschließlich unter stöchiometrischen Bedingungen imstande, sowohl die Oxidation von CO und Kohlenwasserstoffen zu CO_2 und H_2O als auch die Reduktion von Stickoxiden zu Stickstoff zu gewährleisten. Somit können Stickoxide bei magerem Betrieb auf diese Weise nicht mehr ausreichend umgesetzt werden. In Europa war der Straßenverkehr im Jahr 2010 mit einem Beitrag von 40,5 % die Hauptquelle der gesamten Stickoxidemissionen [9]. Ab September 2014 gilt die Abgasnorm Euro 6, die eine strengere Regulierung von NO_x- und Partikelemissionen im Diesel-Pkw-Bereich vorsieht (Tabelle 1.1). Dies erfordert den Einsatz von $DeNO_x$-Systemen und Partikelfiltern, was eine aufwendige Entwicklung und Optimierung komplexer Abgas-nachbehandlungssysteme bedingt.

Um den hohen Anforderungen an die Emissionslimitierung bei Autoabgasen gerecht zu werden, ist heutzutage insbesondere für Dieselfahrzeuge der Einsatz hochkomplexer Abgas-nachbehandlungssysteme notwendig, die aus einer Kombination mehrerer unterschiedlicher Katalysatortechnologien und Partikelfiltern bestehen. Inzwischen ist der finanzielle und zeitliche Aufwand für die Entwicklung von Abgasnachbehandlungssystemen mit dem für die Motorenentwicklung vergleichbar [10]. Zudem ist aufgrund der hohen Komplexität, die durch die chemische und thermische Kopplung der Einzelkomponenten bedingt ist, ein modellgestütztes Vorgehen bei der Entwicklung von Abgasnachbehandlungssystemen und der Optimierung von Betriebsstrategien erforderlich [11]. Das ultimative Ziel bei der Modellierung heterogener katalytischer Prozesse ist die Vorhersage von Umsatz und Selektivität. Hinsichtlich der Autoabgaskatalyse stellen jedoch die variierenden Betriebsbedingungen sowie die Veränderung der katalytischen Aktivität infolge chemischer und thermischer Alterung eine große Herausforderung dar.

Aktuelle Modelle, die in der Automobilindustrie für die Simulation von Autoabgaskatalysatoren verwendet werden, beruhen auf phänomenologischen Größen und sind durch ein limitiertes Verständnis für die detaillierten katalytischen Prozesse gekennzeichnet. Daher ist der Geltungsbereich dieser Modelle äußerst eingeschränkt, sodass ihre Anpassung an spezifische Katalysatoren und verschiedene Alterungszustände mit einem hohen Rekalibrierungsaufwand verbunden ist. Da die katalytische Aktivität von den physikalischen und elektronischen Eigenschaften des Katalysators bestimmt wird, sind Informationen auf mikropskopischer Ebene erforderlich, um fundierte Voraussagen über das Umsatzverhalten treffen zu können [12]. Ein besseres Verständnis von Struktur-Wirkungsbeziehungen sowie des Alterungsverhaltens von Autoabgaskatalysatoren würde die Entwicklung physikalisch und chemisch begründeter Modelle ermöglichen, die auch in der Lage sind, dynamische Strukturänderungen zu berücksichtigen. Darüber hinaus beinhalten Modelle, die auf einem vertieften Verständnis der katalytischen Prozesse auf mikroskopischer Ebene basieren, das Potenzial, durch Kombination der On-board-Diagnostik mit einer On-board-Modellierung zur Optimierung der motorischen Regelung beizutragen. Dies könnte nicht nur zu einer weiteren Kraftstoffeinsparung führen, sondern auch den Bedarf an Edelmetallen und Seltenerdoxiden wie Ceroxid minimieren [1].

Ziel der Arbeit

Das Ziel der vorliegenden Arbeit ist es, zu einem vertieften Verständnis der thermischen Alterung von Dieseloxidations- und NO_x-Speicherkatalysatoren sowie ihrer Auswirkungen auf das Umsatzverhalten beizutragen. Dazu soll zum einen der Einfluss unterschiedlicher Alterungsbedingungen auf die physikalischen und chemischen Eigenschaften der Katalysatoren untersucht werden, zum anderen sollen Struktur-Wirkungsbeziehungen identifiziert und diskutiert werden. Es sollen Korrelationen zwischen der katalytischen Aktivität sowie der Speicherfähigkeit und charakteristischen Größen der Katalysatoren gefunden werden.

2. Katalytische Abgasnachbehandlung in Kraftfahrzeugen: Stand der Technik und Forschung

2.1. Schadstoffemissionen bei der motorischen Verbrennung

Für die motorische Verbrennung ist ein Gemisch aus Krafstoff und Sauerstoff erforderlich, wobei der benötigte Sauerstoff durch die Umgebungsluft zur Verfügung gestellt wird. Die Gemischzusammensetzung wird durch das Verbrennungsluftverhältnis λ charakterisiert, welches durch das Verhältnis der tatsächlich für eine Verbrennung zur Verfügung stehenden Luftmasse zur Luftmasse, die für eine stöchiometrische Verbrennung benötigt wird, definiert ist:

$$\lambda = \frac{\text{tatsächlich zur Verfügung stehende Luftmasse}}{\text{zur stöchiometrischen Verbrennung benötigte Luftmasse}} \qquad (2.1)$$

Bei einer vollständigen Verbrennung wird der Kraftstoff zu Kohlenstoffdioxid und Wasser umgesetzt:

$$C_mH_n + (m + 0,25\,n)\,O_2 \longrightarrow m\,CO_2 + 0,5\,n\,H_2O$$

In der Realität verläuft die Verbrennung jedoch unvollständig, wodurch unerwünschte Abgase entstehen, die nicht nur der Umwelt schaden, sondern auch die Gesundheit gefährden. Im Gegensatz zu den für Menschen toxischen Stoffen wird das Treibhausgas CO_2 nicht als Schadstoff angesehen, da es als Endprodukt jeder vollständigen Oxidation von Kohlenwasserstoffen auftritt. Allerdings erfolgt selbst bei ausreichendem Sauerstoffangebot ($\lambda \geq 1$) und unter idealen Bedingungen keine vollständige Umsetzung des Krafstoffs zu Kohlenstoffdioxid und Wasser, da die Verbrennung in diesem Fall durch das chemische Gleichgewicht limitiert ist. Weitere Ursachen für die unvollständige Verbrennung sind zu niedrige Temperaturen (bspw. während der Kaltstartphase), der Mangel an Sauerstoff ($\lambda < 1$), zu kurze Verweilzeiten oder eine nicht ideale Durchmischung des Kraftstoffes mit dem Luftsauerstoff im Brennraum.

Die Hauptschadstoffe, die bei der Kraftstoffverbrennung entstehen, sind Kohlenwasserstoffe (HC), CO und NO_x sowie Partikel im Abgas von Dieselmotoren. Ihre Bildung hängt hauptsächlich vom lokalen Luftverhältnis λ und der damit gekoppelten Verbrennungstemperatur ab [13]. Während CO und HC bevorzugt bei fettem Gemisch gebildet werden, steigt der Anteil an NO_x-Emissionen mit zunehmendem Luftverhältnis λ zunächst an, sinkt bei magerem Gemisch ($\lambda > 1,2$) jedoch aufgrund der abnehmenden Verbrennungstemperatur wieder ab, wohingegen die HC-Emissionen ansteigen.

Bei der motorischen Verbrennung entsteht CO bei lokalem Luftmangel ($\lambda < 1$) durch partielle Oxidation von Kohlenwasserstoffen. Auch im extrem mageren Gemisch ($\lambda > 1,4$) bildet sich vermehrt CO, da die vorherrschenden niedrigen Temperaturen zu einer unvollständigen Verbrennung im wandnahen Bereich des Brennraums führen [13]. CO ist ein giftiges Gas, welches im Blut an Hämoglobin gebundenen Sauerstoff verdrängt und zur Erstickung führen kann, wenn es in größeren Mengen eingeatmet wird.

HC-Emissionen aus der motorischen Verbrennung sind entweder vollständig unverbrannte oder teiloxidierte Kohlenwasserstoffe und stammen aus Zonen im Brennraum, die nicht oder nicht vollständig von der Verbrennung erfasst werden. Ursachen hierfür sind im Allgemeinen lokale Gemischzusammensetzungen, die außerhalb des Zündbereichs liegen oder zu niedrige Temperaturen, wobei die Quellen der HC-Emissionen stark vom Brennverfahren abhängen. Bei Dieselmotoren und Ottomotoren mit Direkteinspritzung kommen nicht zündfähige Gemischzusammensetzungen am äußeren Rand des Sprays (zu mager) sowie im inneren Bereich des Sprays (zu fett) vor. Temperaturen, die zu niedrig für die Zündung sind und zur langsamen Verdunstung des Brennstoffs führen, treten zeitweise insbesondere an der Wand des Brennraums und dem Sacklochvolumen der Einspritzdüse auf. Außerdem kann während der Expansion aufgrund des raschen Temperatur- und Druckabfalls eine Flammenlöschung stattfinden [13]. Zu den HC-Anteilen in Autoabgasen gehören sowohl gesättigte als auch ungesättigte und aromatische Kohlenwasserstoffverbindungen. Letztere beinhalten auch polyzyklische aromatische Kohlenwasserstoffe (PAH), die für die Rußbildung im Dieselmotor von Bedeutung sind. Ihre Auswirkungen auf Umwelt und Gesundheit sind aufgrund der großen Anzahl an Stoffen unterschiedlicher Eigenschaften vielfältig. Neben schleimhautreizenden und karzinogenen Stoffen, zu denen Aldehyde bzw. eine Vielzahl von PAH und Benzol zählen, tragen HC-Emissionen auch zur Bildung von Sommersmog bei. Trotz der großen Vielfalt an HC-Emissionen und ihrer diversen Einflüsse auf Umwelt und Gesundheit werden bis heute vom Gesetzgeber keine Unterscheidungen getroffen, sondern nur die Summer aller HC-Komponenten betrachtet.

Stickoxide können entweder durch Verbrennung stickstoffhaltiger Verbindungen, die in Form von Amiden, Aminen und heterocyclischen Verbindungen in Kraftstoffen vorhanden sind, entstehen oder durch Reaktion atmosphärischen Stickstoffs mit Sauerstoff. Ersteres ist bei Autoabgasen jedoch vernachlässigbar, da Kraftstoffe, die für den Straßenverkehr eingesetzt werden, in der Regel keinen gebundenen Stickstoff enthalten. Als Hauptprodukt entsteht bei der motorischen Verbrennung NO, welches unter atmosphärischen Bedingungen langsam zum giftigeren NO_2 oxidiert wird. Die Bildung von NO kann auf drei verschiedenen Wegen erfolgen, wobei man zwischen thermischem NO, Prompt-NO und über den N_2O-Mechanismus gebildetes NO unterscheidet [13]. Die thermische NO-Bildung, die unter den meisten Betriebsbedingungen dominiert, läuft hinter der Flammenfront im Verbrannten nach dem radikalischen Zeldovich-Mechanismus ab:

$$N_2 + O \rightleftharpoons NO + N$$
$$N + O_2 \rightleftharpoons NO + O$$
$$N + OH \rightleftharpoons NO + H$$

Bei niedrigen Temperaturen und unter fetten Bedingungen gewinnt der Prompt-NO Pfad an Bedeutung, bei dem NO in der Flammenfront über den Fenimore-Mechanismus, der auf der Entstehung eines CH-Radikals beruht, aus Luftstickstoff gebildet wird. Der detaillierte Mechanismus ist bis heute nicht vollständig verstanden. Fenimore schlug die Bildung von HCN als Schlüsselschritt vor, wohingegen neuere Untersuchungen darauf hindeuten, dass die Bildung von promptem NO_x über NCN verläuft [14]:

$$N_2 + CH \rightleftharpoons N + HCN$$
$$N_2 + CH \rightleftharpoons H + NCN$$

Unter sauerstoffreichen Bedingungen und hohen Drücken hingegen, wird NO bevorzugt über den N_2O-Mechanismus gebildet:

$$N_2 + O + M \rightleftharpoons N_2O + M$$

Die Reaktion von Stickstoffdioxid mit Wasser führt zur Bildung von Salpetersäure und trägt somit zum sauren Regen bei. Auch fördern Stickoxide die Entstehung von photochemischem Smog, was Atemwegserkrankungen hervorrufen und verschlimmern kann [15]. Außerdem verursachen sie bei Sonneneinstrahlung die Bildung troposphärischen Ozons [16], was zu Atemproblemen und Pflanzenschäden führt sowie den Treibhauseffekt verstärkt:

$$N_2 + O_2 \longrightarrow 2NO$$
$$2NO + O_2 \longrightarrow 2NO_2$$
$$NO_2 + h\nu \longrightarrow NO + O$$
$$O + O_2 + M \longrightarrow O_3 + M$$

In der Stratosphäre hingegen ist Stickstoffmonoxid Teil eines katalytischen Prozesses, der für den Abbau der Ozonschicht verantwortlich ist.

In Abb. 2.1 sind typische Zusammensetzungen der Rohemissionen konventioneller Otto- und Dieselmotoren dargestellt, wobei zu beachten ist, dass diese sowohl von Betriebsparametern als auch vom Motor selbst abhängig sind [13]. Es ist zu erkennen, dass CO beim stöchiometrisch betriebenen Ottomotor die dominante Schadstoffkomponente ist, wohingegen NO_x-Emissionen beim mager betriebenen Dieselmotor überwiegen. Weiterhin ist aus den Diagrammen (Abb. 2.1) ersichtlich, dass zwar der signifikant geringere Schadstoffanteil an den Gesamtemissionen des Dieselmotors im Vergleich zum Ottomotor einen Vorteil darstellt, jedoch ist der kritische Anteil der Partikelemissionen nachteilig.

2.2. Prinzipieller Aufbau von Autoabgasnachbehandlungssystemen

Autoabgaskatalysatoren bestehen heute im Allgemeinen aus einem monolithischen, meist wabenförmigen Keramik- oder Metallträger, dessen Kanäle mit einem oxidischen Material, dem sog. Washcoat beschichtet sind [17]. Dieser liegt zur Vergrößerung der spezifischen Oberfläche in poröser Form vor und enthält die katalytisch aktiven Substanzen, die in der Regel hochdispergierte Edelmetalle, Oxide und Zeolithe sind [1].

Aufgabe des Katalysatorträgers ist es, auf geringem Raum eine möglichst große geometrische Oberfläche für heterogen katalysierte Prozesse bereitzustellen. Er soll eine hohe mechanische und thermische Stabilität mit einem geringen Gewicht vereinbaren sowie einen geringen Strömungswiderstand aufweisen. Da keramische Wabenkörper alle Anforderungen erfüllen, haben sie sich als Katalysatorträger bewährt [19]. Meist werden sie durch Extrusion synthetischen Cordierits der Zusammensetzung $2MgO \cdot 2Al_2O_3 \cdot SiO_2$ hergestellt, da dieses keramische Oxid neben einem hohen Schmelzpunkt von über 1300°C und einer hohen mechanischen Stabilität auch einen sehr kleinen Wärmeausdehnungskoeffizienten besitzt, was für die Haltbarkeit unter den extremen Temperaturschwankungen, denen

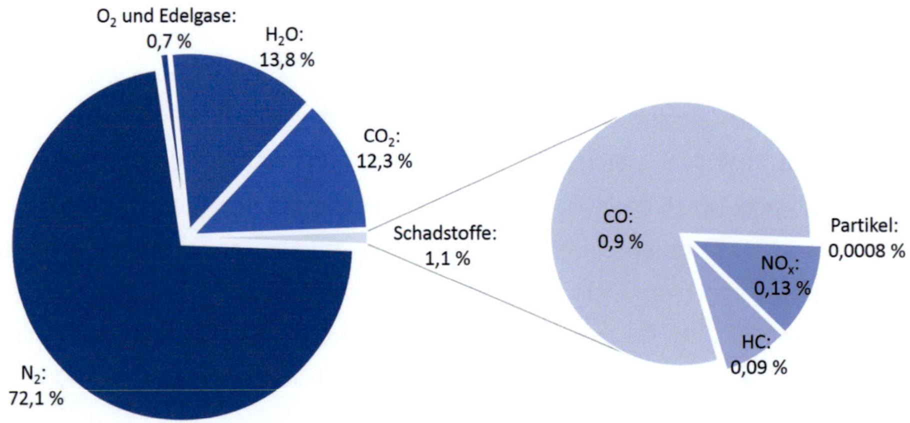

(a) Ottomotor

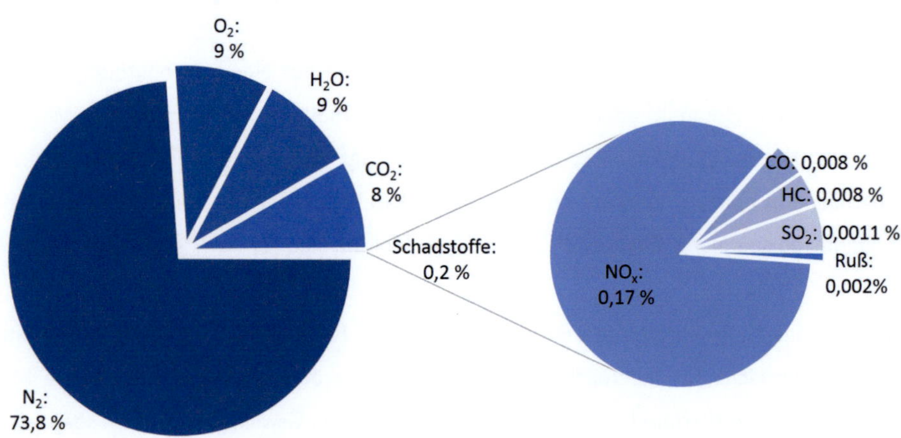

(b) Dieselmotor

Abb. 2.1.: Rohemissionen in Volumenprozent, adaptiert nach Merker et al. [13].

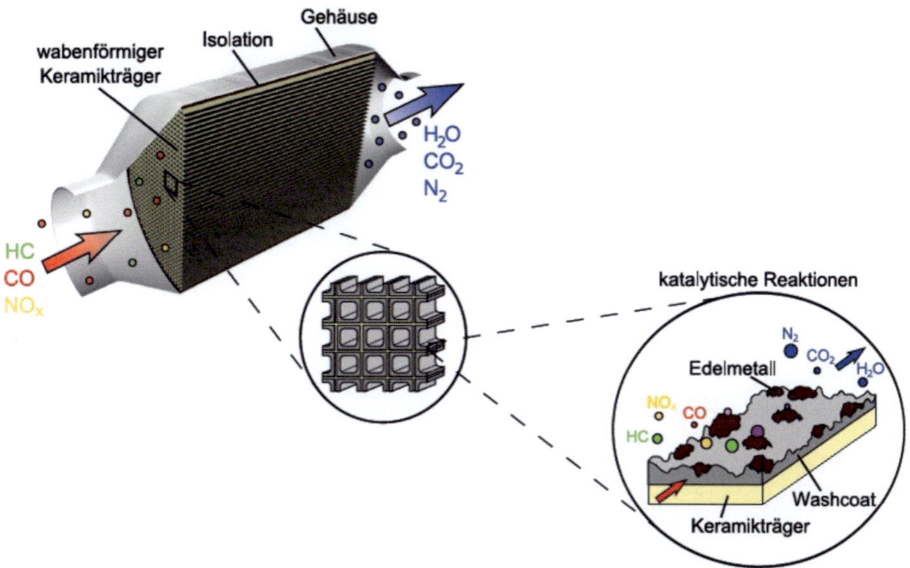

Abb. 2.2.: Prinzipieller Aufbau eines Autoabgaskatalysators. Bild entnommen aus [18].

der Katalysator ausgesetzt sein kann, unerlässlich ist [2]. Darüber hinaus zeichnet sich Cordierit aufgrund seiner Porosität durch starke adhäsive Wechselwirkungen mit dem Washcoatmaterial aus, was einen guten mechanischen Halt gewährleistet. Heutzutage besitzen diese Monolithe normalerweise eine Kanaldichte von 400-800 cpsi (cells per square inch, entspricht 62-124 Kanälen pro cm^2). Durch Erhöhung der Anzahl der Kanäle pro Querschnittsfläche und Verringerung der Wanddicke können die Eigenschaften des Monolithen bezüglich geometrischer Oberfläche und Wärmeübertragung verbessert werden. Jedoch setzen hier Stömungswiderstand sowie mechanische Festigkeit Grenzen.

In Autoabgaskatalysatoren wird γ-Al_2O_3 am häufigsten als Washcoatmaterial eingesetzt, da es mit 160-250 m^2/g eine große spezifische Oberfläche aufweist. Der Washcoat dient nicht nur dazu, die Oberfläche des Katalysators ungefähr um das 10000-fache zu vergrößern, sondern hat auch die Aufgabe, selbst unter extremen Betriebsbedingungen die hohe Edelmetalldispersion zu stabilisieren [2]. Aufgrund der Mobilität der Edelmetallpartikel sintern diese nämlich bei hohen Temperaturen leicht zu energetisch günstigeren größeren Teilchen (s. Abschnitt 2.5.1). Dies wird durch stark bindende Wechselwirkungen zwischen anorganischem Oxid und den Edelmetallclustern erschwert, kann jedoch nicht vollständig verhindert werden. So führen hohe Temperaturen bis über 800°C, die in Autoabgasen auftreten können, zu einer Agglomeration der ursprünglich nanodispers verteilten Edelmetallpartikel. Eine weitere Funktion des Washcoats ist die des elektronischen Promotors. So erschwert saures Trägermaterial wie Al_2O_3 die reversible Desaktivierung von Platin durch Platinoxidbildung unter mageren Bedingungen, indem es die 5d-Elektronendichte von Platin erniedrigt und damit eine Schwächung der Platin-Sauerstoff-Bindung verursacht [20].

Die auf dem Washcoat aufgebrachten katalytisch aktiven Partikel weisen charakteristische Eigenschaften auf. So werden Platin und Palladium gute Oxidationseigenschaften zugeschrieben, während Rhodium sich als effektiver Katalysator für die Reduktion von Stickoxiden erwiesen hat. Heutzutage liegt die Gesamtbeladung der Edelmetalle zwischen 30 und 300 g/ft^3 (1,1-10,6 kg/m^3), wobei das Verhältnis zwischen Platin, Palladium und Rhodium stark von den jeweiligen aktuellen Edelmetallpreisen abhängt, da diese den größten Teil der Herstellungskosten darstellen [1].

Wie bereits in Kapitel 1 erwähnt, ist es heutzutage insbesondere für Fahrzeuge mit mager betriebenen Motoren notwendig, komplexe Abgasnachbehandlungssysteme einzusetzen, die aus mehreren Komponenten bestehen, um den hohen Anforderungen an die Emissionslimitierung gerecht zu werden. Nachbehandlungssysteme für Dieselabgase bestehen im Allgemeinen aus einem Oxidationskatalysator, einem Katalysator für die Reduktion von Stickoxidemissionen, sowie einem Rußpartikelfilter. Im Folgenden soll näher auf den Aufbau und die Funktionsweise von Dieseloxidationskatalysatoren und NO_x-Speicherkatalysatoren eingegangen werden, da die vorliegende Arbeit sich mit dem Alterungsverhalten dieser beiden Katalysatortypen befasst.

2.3. Dieseloxidationskatalysator

Der Dieseloxidationskatalysator (DOC) wird seit den neunziger Jahren standardmäßig in Dieselkraftfahrzeugen eingesetzt [2]. Die Hauptaufgabe des DOCs ist die Umsetzung von CO und Kohlenwasserstoffen (HC) zu CO_2 und H_2O. Zudem ist der DOC in der Lage, die Oxidation der an Partikeln adsorbierten Kohlenwasserstoffe zu katalysieren und somit die Partikelmasse zu vermindern [21]. Eine weitere Aufgabe des Oxidationskatalysators ist die Erhöhung des Anteils an NO_2 gegenüber der Menge an NO in Dieselabgasen, da dies für eine optimale Funktionsweise der nachgeschalteten Abgasnachbehandlungskomponenten, wie des NO_x-Speicher- und Reduktionskatalysators sowie des Rußpartikelfilters, unerlässlich ist [22, 23]. Außerdem kann die adiabatische Temperaturerhöhung durch die katalytische Oxidation von zusätzlichem Kraftstoff, der direkt vor dem DOC in den Abgasstrang eingespritzt wird, oder einer größeren Konzentration an Kohlenwasserstoffen im Abgas genutzt werden, um die für die Regeneration des Partikelfilters erforderlichen Temperaturen zu erreichen.

Traditionell hat sich Platin aufgrund seiner hervorragende Oxidationseingenschaften als katalytisch aktive Komponente im Oxidationskatalysator durchgesetzt [16]. Aufgrund des hohen Marktpreises des Edelmetalls wird es hochdispers auf einem porösen Trägermaterial wie Al_2O_3, CeO_2 oder TiO_2, aufgebracht. Seitdem der Schwefelgehalt von Krafstoffen in Europa signifikant reduziert worden ist und die Katalysatordeaktivierung durch Schwefelvergiftung eine weniger bedeutende Rolle als zu Beginn der Autoabgaskatalyse spielt, werden seit dem Jahr 2005 zunehmend Pt/Pd-DOCs eingesetzt, wobei Pd häufig mit Pt legiert vorkommt [2]. Gut konzipierte Pt/Pd-Katalysatoren weisen im Vergleich zu Katalysatoren, die nur Pt als katalytisch aktive Komponente enthalten, eine verbesserte thermische Alterungsbeständigkeit auf. Da Pd allerdings eine niedrige Aktivität gegenüber der NO-Oxidation aufweist, bleibt Pt als Edelmetallkomponente für den DOC unverzichtbar. Darüber hinaus enthalten DOCs häufig Zeolithe, die bei niedrigen Temperaturen als Kohlenwasserstoffspeicher dienen [2].

Eine große Herausforderung für den Oxidationskatalysator stellen die aufgrund des hohen Wirkungsgrades von Dieselmotoren niedrigen Abgastemperaturen dar, die im Fahrzyklus in der Regel zwischen 100 und 200 °C liegen [17]. Daraus ergeben sich hohe Anforderungen an die Alterungsstabilität der Katalysatoren. Neben dem Aktivitätsverlust durch chemische Vergiftung spielt die thermische Katalysatoralterung, auf die in Abschnitt 2.5 näher eingegangen wird, eine herausragende Rolle.

2.4. NO_x-Speicherkatalysator

Bei mager betriebenen direkteinspritzenden Ottomotoren und Dieselmotoren stellt die Minderung von NO_x-Emissionen unter Sauerstoffüberschuss eine technische Herausforderung dar. Zurzeit wird dazu neben der SCR-Technologie (selektive katalytische Reduktion), die auf der selektiven Reduktion von Stickoxiden mit stickstoffhaltigen Reduktionsmitteln wie Ammoniak oder Ammoniakvorläufern, wie Harnstoff und Ammoniumcarbamat, über $V_2O_5/WO_3/TiO_2$-Katalysatorsystemen basiert, hauptsächlich der NOx-Speicherkatalysator (NSC) eingesetzt [16]. Die Grundlage dieser Technologie bildet eine NO_x-Speicherkomponente, wobei sich BaO und K_2O hierfür etabliert haben. Das Prinzip der NO_x-Speicherung beruht auf der Tatsache, dass sehr basische Erdalkali- und Alkalimetalloxide in der Lage sind, Nitrate zu bilden, die bis 600°C stabil sind [2]. Aufgrund des hohen Anteils an CO_2 in Autoabgasen liegt die Speicherkomponente vorwiegend in Form des Karbonats vor [24]. Stark vereinfacht kann der Einspeicherungsprozess, der unter mageren Bedingungen erfolgt, durch folgende Reaktionsgleichungen zusammengefasst werden:

$$2NO + O_2 \rightleftharpoons 2NO_2$$

$$2NO_2 + \frac{1}{2}O_2 + BaCO_3 \rightleftharpoons Ba(NO_3)_2 + CO_2$$

Um den NO_x-Speicher zu regenerieren, müssen sich lange Einspeicherungsphasen von mehreren Minuten magerem Betrieb zyklisch mit kurzen Phasen (einige Sekunden) fetter Gemischzusammensetzung abwechseln. Der NO_x-Speicher kann durch diverse Reduktionsmittel, die in Autoabgasen bei fettem Betrieb in ausreichenden Mengen vorkommen, regeneriert werden, was folgendermaßen beschrieben werden kann:

$$Ba(NO_3)_2 + 3CO \rightleftharpoons BaCO_3 + 2NO + 2CO_2$$

$$Ba(NO_3)_2 + 3H_2 + CO_2 \rightleftharpoons BaCO_3 + 2NO + 3H_2O$$

$$Ba(NO_3)_2 + \frac{1}{3}C_3H_6 \rightleftharpoons BaCO_3 + 2NO + H_2O$$

Die Regenerationsfrequenz wird über das Motormanagement geregelt, indem die Menge an gespeichertem NO_x entweder mittels Modell basierter Berechnung der NO_x-Zufuhr oder mit Hilfe eines Sensors ermittelt wird, der sich hinter dem NO_x-Speicherkatalysator befindet [2].

Als katalytisch aktive Komponenten werden üblicherweise Pt, Pd und Rh verwendet [22]. Pt begünstigt sowohl die NO-Oxidation als auch die Einspeicherung von Stickoxiden. Außerdem katalysiert es in der Regenerationsphase die Zersetzung von gespeicherten Nitraten, während Rh für die Reduktion von freigelassenem NO_x eine wesentliche Rolle spielt, da es die Dissoziation von NO begünstigt [25].

Darüber hinaus enthält der NO_x-Speicherkatalysator analog zum Dreiwegekatalysator, der sich für die Abgasnachbehandlung bei stöchiometrisch betriebenen Ottomotoren etabliert hat, Sauerstoffspeicherkomponenten zur Minimierung der Schwankungen des λ-Wertes [10]. Für den NSC ist eine stabile Dreiwegefunktionalität notwendig, da beim direkteinspritzenden Ottomotor bei höheren Last-Drehzahl Kollektiven auch Lambda-1-Betrieb auftritt [21]. Als Sauerstoffspeicherkomponenten haben sich CeO_2 und anorganische Mischoxide wie ZrO_2/CeO_2 bewährt. Diese Oxide sind in reduzierter Form in der Lage, bei magerer Gaszusammensetzung Sauerstoff aufzunehmen. Die Regeneration des Sauerstoffspeichers erfolgt während der kurzen Fettphasen parallel zur NO_x-Speicherregeneration.

Sauerstoffeinspeicherung unter mageren Bedingungen [26]:

$$Ce_2O_3 + \frac{1}{2}O_2 \rightleftharpoons 2CeO_2$$

$$Ce_2O_3 + NO \rightleftharpoons 2CeO_2 + \frac{1}{2}N_2$$

$$Ce_2O_3 + H_2O \rightleftharpoons 2CeO_2 + H_2$$

Speicherregeneration unter fetten Bedingungen:

$$2CeO_2 + H_2 \rightleftharpoons Ce_2O_3 + H_2O$$

$$2CeO_2 + CO \rightleftharpoons Ce_2O_3 + CO_2$$

Cer(IV)-Oxid besitzt eine Struktur vom Flourit-Typ, in der die Cer-Atome eine kubisch dichteste Packung bilden und alle Tetraederlücken von Sauerstoffatomen besetzt sind [26]. Bemerkenswert ist, dass diese Struktur selbst bei Verlust von großen Sauerstoffmengen und der damit verbundenen Entstehung von Sauerstoff-Fehlstellen, erhalten bleibt. Dies führt dazu, dass CeO_{2-x} leicht wieder zu CeO_2 oxidiert werden kann. Aufgrund der hohen Beweglichkeit von Sauerstoff in Ceroxid, erfolgt die Einspeicherung sehr schnell, während die Reduktion deutlich langsamer verläuft, wobei die Reaktionsgeschwindigkeit diffusionskontrolliert ist. Somit wird die Netto-Speicherkapazität bei zyklischem Mager/Fett-Wechsel durch die Kinetik der Reduktion bestimmt.

Neben der Fähigkeit, Sauerstoff zu speichern, ist Ceroxid aufgrund seiner Redox-Eigenschaften außerdem in der Lage, zur Speicherung von Stickoxiden beizutragen. Dabei wird NO hauptsächlich in Form von Nitriten gespeichert, es bilden sich allerdings auch cis- und trans-Hyponitritspezies [27]. Bei Coadsorption von NO und O_2 sowie bei der Adsorption von NO_2 entstehen hingegen bevorzugt Nitrate, wobei dies im ersten Fall über die Oxidation von anfangs gebildeten Nitriten geschieht. Insbesondere bei relativ niedrigen Temperaturen (150-350°C) weist Ceroxid eine beachtliche NO_x-Speicherkapazität auf, die für die Nachbehandlung von Dieselabgasen von Nutzen ist. Als zusätzliche Speicherkomponente zu $BaCO_3$ steigert CeO_2 die Effizienz der NO_x-Speicherung zwischen 200 und 350 °C und wirkt sich somit günstig auf den NO_x-Umsatz aus [28].

Aktuell stellt die Vergiftung des NO_x-Speichers durch Sulfatbildung die größte technische Herausforderung für den NO_x-Speicherkatalysator dar [2]. Da die unerwünschten Erdalkali- und Alkalimetallsulfate thermodynamisch stabiler sind als die entsprechenden Nitrate, werden sie in den kurzen Regenerationsphasen fetter Gemischzusammensetzung nicht zersetzt, sodass sich Schwefel auf dem Katalysator akkumuliert und die NO_x-Speicherkapazität beeinträchtigt. Daher ist eine regelmäßige Schwefelregeneration erforderlich, die durch einen minutenlangen fetten Motorbetrieb bei erhöhten Temperaturen erfolgt. Dadurch wird der Katalysator wiederholt hohen Temperaturen ausgesetzt, was Alterungsprozesse hervorruft (s. Abschnitt 2.5).

2.5. Thermische Alterung von Autoabgaskatalysatoren

Da die Konvertierungsleistung von Autoabgaskatalysatoren mit dem Alterungsgrad abnimmt, ist es essenziell, das Alterungsverhalten bei der Auslegung von Abgasreinigungssystemen zu berücksichtigen. Die Aktivität des Katalysators nimmt über die Lebensdauer sowohl aufgrund von chemischer als auch aufgrund von thermischer Alterung ab. Zur chemischen Deaktivierung tragen Schwefeloxide, Bestandteile des Motoröls sowie Verunreinigungen des Kraftstoffes (P, Pb, Zn, Ca, Mg, Si, Mn, Cr, Fe) bei, die zur Vergiftung der Katalysatorkomponenten führen [1, 17, 29, 30]. Bei Dieselmotoren spielt zudem die Kontamination des Katalysators durch Rußpartikel oder Additive wie Ferrocen, die Dieselkraftstoffen zur Erleichterung der Regeneration des Partikelfilters zugesetzt werden, eine Rolle. Winkler et al. haben anhand eines am Motorprüfstand gealterten DOCs gezeigt, dass die chemische Vergiftung am Katalysatoreinlass überwiegt, wohingegen die Deaktivierung am hinteren Teil des Katalysators hauptsächlich der thermischen Alterung zuzuschreiben ist [31]. Da chemische Alterungsprozesse durch simulierte Katalysatoralterung im Labor nur bedingt erfasst werden können [1], befasst sich die vorliegende Arbeit ausschließlich mit der hydrothermalen Alterung von Autoabgaskatalysatoren. Zudem haben Winkler et al. aus den Ergebnissen ihrer vergleichenden Untersuchung eines am Motorprüfstand gealterten DOCs und eines DOCs, der einer thermischen Ofenalterung ausgesetzt worden ist, gefolgert, dass die thermische Alterung die Hauptursache für die Abnahme der katalytischen Aktivität darstellt [31].

Im realen Straßenbetrieb werden thermische Schädigungen des Katalysators durch Temperaturspitzen verursacht, die bei schnellen Lastwechseln, Fehlzündungen, der aktiven Regeneration des DPF und der periodischen Schwefelregeneration des NO_x-Speichers auftreten [1, 22]. Darüber hinaus ist bei Einsatz eines NO_x-Speicherkatalysators eine Abnahme der katalytischen Aktivität während der fetten Regenerationsphasen möglich, da aufgrund der exothermen Oxidation von HC, CO und H_2 lokal hohe Temperaturen auftreten können.

2.5.1. Sinterung der Edelmetallpartikel

Die thermische Belastung von Katalysatoren, die hochdispergierte Edelmetalle als katalytisch aktive Komponenten enthalten, führt ab einer Temperatur von 600 °C zur Sinterung dieser Nanopartikel, wobei sich größere Edelmetallpartikel bilden, die thermodynamisch stabiler sind [30]. Da das Oberflächen/Volumen-Verhältnis dadurch verkleinert wird, vermindert sich die katalytisch aktive Oberfläche [32]. Für den zugrunde liegenden Sinterungsmechanismus wurden zwei verschiedene Modelle vorgeschlagen [33]:

- Das Atom-Migrationsmodell beruht analog zum Ostwald-Reifungsprozess auf der Migration einzelner Atome. Nach dieser Vorstellung verlassen einzelne Atome kleine Edelmetallpartikel und kollidieren bei ihren Bewegungen auf der Katalysatoroberfläche bevorzugt mit größeren Partikeln, sodass diese als Kristallisationskeime fungieren.

- Das Kristallit-Migrationsmodell geht davon aus, dass die Edelmetallpartikel selbst als Einheit über den Washcoat migrieren und bei der Kollision mit anderen Partikeln größere Partikel bilden.

Bisher konnte von Simonsen et al. mittels in situ TEM beobachtet werden, dass die Sinterung von Platinnanopartikeln auf einem Aluminumoxidträger unter oxidativen Bedingungen nach dem Ostwald-Reifungsprozess verläuft [34].

Das Ausmaß der Edelmetallpartikelsinterung hängt vorwiegend von der Temperatur, aber auch von der Dauer der Temperaturexposition sowie der Atmosphäre, der der Katalysator ausgesetzt ist, dem Katalysatormaterial und dem Herstellungsprozess ab. Lööf et al. haben bei der Untersuchung der Sinterung von Pt-Partikeln auf γ-Al_2O_3 festgestellt, dass oxidative Bedingungen im Vergleich zu inerten oder reduzierenden Bedingungen den Sinterungsvorgang begünstigen [35]. Das Ausmaß der Sinterung und der Deaktivierung von Pd-Partikeln ist hingegen unter inerten oder reduzierenden Bedingungen stärker ausgeprägt [29]. Dies ist darauf zurückzuführen, dass Pd im Gegensatz zu Pt in der oxidischen Form eine höhere thermische Stabilität und katalytische Aktivität aufweist als in der metallischen Form. Bei Temperaturen ab 600 °C setzen aufgrund der Zersetzung von PdO zu metallischem Pd ein Aktivitätsrückgang sowie die Abnahme der katalytisch aktiven Oberfläche durch Partikelsinterung ein. Da Reduktionsmittel wie z.B. Kohlenwasserstoffe die Reduktion des aktiven PdO zu Pd begünstigen, fördern sie die thermische Sinterung von Pd-Nanopartikeln [29]. In technischen Systemen werden häufig Pt/Pd-Legierungen eingesetzt, da die Anwesenheit von Pd zu einer höheren thermischen Stabilität führt, indem die Bildung von flüchtigen Platinoxiden verhindert wird [36, 37]. Hierbei findet eine Segregation der beiden Edelmetalle statt, wobei sich nach der Vorstellung des Core-Shell-Modells eine schützende Pd-reiche Schicht um den Pt-reichen Kern der Legierungspartikel bildet [38].

Weiterhin ist bekannt, dass die Geschwindigkeit der Sinterung geträgerter Metalle mit zunehmender Alterungsdauer abnimmt [39]. Da die thermische Stabilität der katalytisch aktiven Nanopartikel zudem von der Stärke der Wechselwirkungen zwischen Metall und Träger abhängig ist, hat sich in Autoabgaskatalysatoren der Einsatz von Stabilisatoren wie CeO_2 oder La_2O_3 bewährt, um das Ausmaß der Partikelsinterung einzudämmen [32]. So wird beispielsweise durch das Aufbringen von Rh-Partikeln auf Ce-Zr-Mischoxiden statt auf einem Al_2O_3-Träger nicht nur die Sinterung stark unterdrückt, sondern auch die irreversible Deaktvierung von Rh durch Reaktion mit γ-Al_2O_3 zu $Rh_2Al_2O_4$ verhindert, die unter oxidativen Bedingungen ab einer Temperatur von 800 °C einsetzt [40].

2.5.2. Thermische Alterung des Washcoats

Neben der Abnahme der katalytisch aktiven Oberfläche, die durch die Edelmetallsinterung bedingt ist, sind nach Toops et al. die Verminderung der spezifischen Oberfläche des Trägers und der Speicherkomponenten sowie Phasenumwandlungen des Washcoatmaterials für die thermische Deaktivierung von Autoabgaskatalysatoren verantwortlich [41]. Die Abnahme der spezifischen Oberfläche eines porösen Trägermaterials beruht auf einer thermisch induzierten Veränderung der Kristallstruktur [17]. Während des Sinterungs-prozesses führt die sukzessive Abspaltung von Kristallwasser zu einer Verkleinerung der Poren und schließlich zum Zusammenbruch des Porennetzwerkes. Weiterhin sind unerwünschte Phasenumwandlungen möglich, die ebenfalls zu einer Verminderung der spezifischen Oberfläche führen. Ein bekanntes Beispiel hierfür ist die Umwandlung von γ-Al_2O_3 zur thermisch stabileren α-Al_2O_3-Modifikation über δ-Al_2O_3 und θ-Al_2O_3 [29].

Die treibende Kraft für die Sinterung des Washcoats ist die Minimierung der Oberflächenenergie. Dabei führt der Transport von Washcoatmaterial zur Verschmelzung von Partikeln sowie zum Partikelwachstum und der Eliminierung von Poren. Dies hat eine verminderte Aktivität des Katalysators zur Folge, die sowohl durch den Verlust an aktiven Zentren aufgrund des Einschlusses von Edelmetallpartikeln als auch durch die Reduktion der Reaktionsgeschwindigkeit aufgrund einer erhöhten Diffusionslimitierung bedingt ist.

Das Ausmaß der Washcoatsinterung wird hauptsächlich von der Temperatur, der Partikelgröße und der Atmosphäre bestimmt. So ist bekannt, dass der Verlust an spezifischer Oberfläche durch die Anwesenheit von Wasser, die unter den Bedingungen der Autoabgaskatalyse unvermeidbar ist, beschleunigt wird [30]. Die Sinterung des porösen Trägermaterials kann durch den Zusatz von Stabilisatoren wie BaO, CeO_2, La_2O_3, SiO_2 und ZrO_2 inhibiert werden [29]. Es wird vermutet, dass diese Additive mit dem Träger Mischoxide bilden und dadurch die Oberflächenreaktivität vermindern [32].

Außerdem kann es infolge thermischer Alterung zu unerwünschten Reaktionen zwischen den Washcoatkomponenten des Katalysators kommen, die ihre Funktionen stark beeinträchtigen. So wurde von Eberhardt et al. an Katalysatoren, die Barium- und Cerkomponenten enthalten, bei 780 °C das Einsetzen der Zersetzung von $BaCO_3$ unter Bildung des Mischoxids $BaCeO_3$ beobachtet, was stärkere negative Auswirkungen auf die NO_x-Speicherung hat als die Abnahme der spezifischen Oberfläche [42]. Jedoch konnte in einer wissenschaftlichen Arbeit von Casapu et al. gezeigt werden, dass $BaCeO_3$ bereits bei Temperaturen zwischen 300 und 500 °C in Anwesenheit von NO_2 und H_2O oder CO_2 instabil ist und somit unter den realen Bedingungen der Abgasnachbehandlung eine untergeordnete Rolle spielen dürfte [43]. Bei der Untersuchung von Aluminiumoxid geträgerten Katalysatoren, die Ba als NO_x-Speicherkomponente enthalten, wurde festgestellt, dass sich bei thermischer Belastung unabhängig von der Gaszusammensetzung Mischoxide wie z.B. $BaAl_2O_4$ bilden [44], wobei die Temperatur, bei der die Festkörperreaktion einsetzt, laut Szailer et al. mit zunehmender Ba-Konzentration abnimmt [45]. Die Rolle, die $BaAl_2O_4$ bei der NO_x-Speicherung einnimmt, ist jedoch nicht vollständig geklärt [46]. So existieren zum einen wissenschaftliche Arbeiten, die zu der Schlussfolgerung kommen, dass die NO_x-Speicherkapazität durch die Bildung von $BaAl_2O_4$ beeinträchtigt wird [47, 48], zum anderen konnte allerdings auch gezeigt werden, dass $BaAl_2O_4$ als NO_x-Speicher eingesetzt werden kann [49, 50]. Dabei wird $BaAl_2O_4$ im Vergleich zu BaO als potenziell besserer NO_x-Speicher angesehen, da die konkurrierende Einspeicherung von CO_2 entfällt. Zudem wies $BaAl_2O_4$ eine höhere Schwefelresistenz auf. In diesen Studien wurde jedoch ausschließlich die Einspeicherung von NO_x, nicht jedoch die Regeneration des Speichers untersucht, die für die technische Anwendung in realen Abgassystemen unerlässlich ist.

Eine weitere mögliche Folge thermischer Alterung ist die Reaktion der katalytisch aktiven Edelmetallpartikel mit Washcoatkomponenten. So ergaben Untersuchungen an $Pt/Ba/CeO_2$- und $Pt/Ba/Al_2O_3$-Modellkatalysatoren von Casapu et al., dass sich bereits bei Temperaturen zwischen 600 und 700 °C $BaPtO_3$ bildet, welches ab 800 °C mit $BaCeO_3$ zu Ba_2PtCeO_6 reagiert [51]. Die Mischoxidbildung konnte jedoch bereits bei 400 °C durch Reduktion in H_2 rückgängig gemacht werden. Für den Aluminiumoxid geträgerten Katalysator wurden hingegen keine Ba-Pt-Mischoxide gefunden.

2.5.3. Kritische Beurteilung der bisherigen Erkenntnisse zur thermischen Alterung von Autoabgaskatalysatoren

Die Ergebnisse der meisten wissenschaftlichen Untersuchungen, die sich mit den Alterungsprozessen von Autoabgaskatalysatoren befassen, sind jedoch nur bedingt auf den realen Straßenbetrieb übertragbar, da in der Regel einfache Modellkatalysatoren verwendet wurden, sodass der Einfluss von Additiven nicht berücksichtigt wurde. So konnte die Bildung von $BaAl_2O_4$, die bei der Alterung von Modellkatalysatoren auftritt, von Ottinger et al. an einem kommerziellen NO_x-Speicherkatalysator selbst bei Alterungsbehandlungen bis zu 1070 °C unter Mager/Fett-Wechsel Bedingungen nicht beobachtet werden [52]. Außerdem werden zahlreiche Arbeiten in Gaszusammensetzungen durchgeführt, die sich stark von den realen Rohemissionen von Kraftfahrzeugen unterscheiden und teilweise zu Beobachtungen geführt haben, denen im tatsächlichen Straßenbetrieb keine Bedeutung zukommt. So wurde die Bildung von $BaCeO_3$ vorwiegend in Abwesenheit von CO_2 und H_2O beobachtet, während Casapu et al. gezeigt haben, dass dieses Mischoxid unter

Bedingungen, die realen Abgasen näher kommen, instabil ist [43]. Da sich herausgestellt hat, dass die Atmosphäre einen entscheidenen Einfluss auf die Alterungsprozesse hat, ist die Verwendung von realitätsnahen Abgasen für die Untersuchung der thermischen Alterung von Autoabgaskatalysatoren unerlässlich. In der vorliegenden Arbeit werden kommerzielle Katalysatoren und realitätsnahe synthetische Abgase verwendet.

3. Charakterisierungsmethoden

Die im Rahmen der vorliegenden Arbeit untersuchten Dieselabgaskatalysatoren wurden hinsichtlich ihrer physikalisch-chemischen Beschaffenheit untersucht. Aus den experimentellen Ergebnissen sollen Erkenntnisse darüber gewonnen werden, wie sich die thermische Alterung auf die physikalische Struktur und die chemische Zusammensetzung des Katalysators auswirkt. Weiterhin sollen charakteristische Katalysatorkenngrößen quantifiziert werden. Im folgenden wird auf die theoretischen Hintergründe der verwendeten Charakterisierungsmethoden eingegangen.

3.1. Physisorption

Die Physisorption von Gasen an Oberflächen kann zur Ermittlung der spezifischen Oberfläche sowie der Porenradienverteilung poröser Medien genutzt werden und findet häufig in der physikalischen Charakterisierung von Katalysatoren Verwendung. Die bei der Physisorption wirkenden Kräfte entsprechen denen, die für die Kondensation von Gasen sowie vom idealen Gas abweichendes Verhalten verantwortlich sind. Sie schließen stets langreichweitige London-Kräfte und kurzreichweitige intermolekulare Repulsion ein, die unspezifische molekulare Wechselwirkungen verursachen [53]. Die Menge an adsorbiertem Gas eines bestimmten Gas/Feststoff-Systems ist druck- und temperaturabhängig. Bei einer konstanten Temperatur unterhalb der kritischen Temperatur des Gases lässt sich die Adsorptionsisotherme als Funktion der adsorbierten Stoffmenge in Abhängigkeit vom Gleichgewichtsdruck des Adsorptivs bestimmen.

Aus der Form der Adsorptionsisotherme lassen sich Rückschlüsse auf den Mechanismus der Porenfüllung und somit auf die Art der Poren und ihre Vernetzung ziehen. Für die Berechnung quantitativer Größen ist es jedoch notwenig, den gemessenen

3. Charakterisierungsmethoden

Adsorptions/Desorptions-Isothermen ein theoretisches Modell zu Grunde zu legen, das stark vereinfachende Annahmen beinhaltet. Aufgrund der hohen Komplexität der Textur vieler Katalysatoren sollte beachtet werden, dass die mittels Physisorption ermittelten Werte darüber hinaus von der verwendeten experimentellen Methode abhängig sind, wobei bis heute keine Methode in der Lage ist, die tatsächlichen Absolutwerte zu bestimmen. Daher sind jegliche Messwerte als relative Größen und in Zusammenhang mit der verwendeten experimentellen Methode sowie den Versuchsbedingungen und der Sondenmoleküle zu betrachten. Diese Tatsache stellt für die vorliegende Arbeit jedoch kein Problem dar, da nur relative Veränderungen der gealterten NSC-Proben gegenüber einem Referenzkatalysator von Interesse sind.

Im Rahmen dieser Arbeit wurde auf das in der heterogenen Katalyse häufig verwendete Modell von Brunauer, Emmet und Teller (BET) zurückgegriffen, um die spezifische Oberfläche aus der Linearisierung der gemessenen Adsorptions/Desorptions-Isothermen zu bestimmen [54].

$$\frac{\frac{p}{p_0}}{n_{ads}\frac{1-p}{p_0}} = \frac{1}{n_m C} + \frac{C-1}{n_m C} \cdot \frac{p}{p_0} \tag{3.1}$$

p	Gleichgewichtsdruck des Adsorptivs	[Pa]
p_0	Sättigungsdampfdruck des Adsorptivs	[Pa]
n_{ads}	adsorbierte, spezifische Stoffmenge	[mol/g]
n_m	spezifische Stoffmenge in der Monoschicht	[mol/g]
C	BET-Konstante $\propto \exp\left[\frac{(H_1-H_i)}{RT}\right]$	
H_1	Adsorptionsenthalpie in der Monoschicht	[J/mol]
H_i	Adsorptionsenthalpie in der Schicht i	[J/mol]

Ist die durch ein Adsorbatmolekül eingenommene Fläche σ bekannt, so kann daraus die BET-Oberfläche berechnet werden. Für die experimentelle Untersuchung poröser Materialien mittels Physisorption hat sich die Messung der Adsorptions/Desorptions-Isotherme von N_2 bei seiner Siedetemperatur (-196°C) etabliert. In diesem Fall geht man nach Konvention von $\sigma = 0,162$ nm^2 aus, was dem Platzbedarf flüssigen Stickstoffs entspricht.

$$A_{\text{BET}} = n_{\text{m}} \cdot \sigma \cdot N_A \tag{3.2}$$

A_{BET}	spezifische Oberfläche nach BET	[m^2/g]
σ	Platzbedarf eines Adsorptiv-Moleküls	[m^2]
N_A	Avogadro-Konstante	[1/mol]

Die Radienverteilung von Mesoporen (2-50 nm Durchmesser) kann mit Hilfe des Barrett-Joyner-Halenda-Modells (BJH-Modell), welches sich das Phänomen der Porenkondensation zunutze macht, aus der Desorptionsisotherme ermittelt werden. Für die Berechnung werden zylindrische Poren angenommen, wobei sich der Porenradius r_{p} aus dem Kapillarradius r_{k} und der Dicke t der mehrlagigen physisorbierten Schicht zusammensetzt.

$$r_{\text{p}} = r_{\text{k}} + t_{\text{phys}} \tag{3.3}$$

r_{p}	Porenradius	[m]
r_{k}	Kapillarradius	[m]
t_{phys}	Dicke der physisorbierten Schicht	[m]

Die Dicke der physisorbierten Schicht für die N$_2$-Adsorption bei -196°C kann mit Hilfe der de Boer-Gleichung berechnet werden:

$$t_{phys} = 10 \cdot \left[\frac{13,99}{\log\left(\frac{p}{p_0}\right) + 0,034} \right]^{0,5} \tag{3.4}$$

Die Kelvin-Gleichung gibt den Zusammenhang zwischen dem Kapillarradius und dem Sorptivdruck an.

$$r_{\text{k}} = -\frac{2\gamma_{N2} V_{\text{m}}}{RT} \ln\left(\frac{p}{p_0}\right) \tag{3.5}$$

γ_{N2} Oberflächenspannung von N_2 am Siedepunkt $\quad$ [N/m]

V_m Molvolumen von flüssigem N_2 $\quad$ [m^3/mol]

3.2. Chemisorption

Die Chemisorption dient der Bestimmung der Dispersion und somit der katalytisch aktiven Oberfläche. Die Dispersion D ist definiert als das Verhältnis der Anzahl von zugänglichen Oberflächenatomen n_{EM}^{surf} zur Gesamtzahl der Atome der Aktivkomponente n_{EM}^{total}.

$$D = \frac{n_{EM}^{surf}}{n_{EM}^{total}} \tag{3.6}$$

Die CO-Chemisorption ist ein Standardverfahren zur Untersuchung einfacher Katalysatorsysteme, die außer den Edelmetallen keine weiteren CO bindenden Komponenten enthalten. Anstelle von CO können unter Umständen auch andere Sondenmoleküle verwendet werden, wie z.B. H_2, O_2 und NO [55].

Bei der Dispersionsbestimmung mittels Chemisorption erfolgt eine Sättigung der Oberfläche der Edelmetallpartikel mit einer Monolage des Sondenmoleküls. Ist die Adsorptionsstöchiometrie bekannt, so kann die katalytisch aktive Oberfläche aus der adsorbierten Menge des Sondenmoleküls emittelt werden.

Dabei ist die Stöchiometrie zwischen Adsorbat und Adsorbens von vielen Faktoren abhängig. So kann die Sättigung einer Edelmetalloberfläche zu unterschiedlichen adsorbierten CO-Spezies führen, die jeweils in verschiedenen CO:Metall-Stöchiometrien resultieren. Während eine dissoziative Adsorption ein CO:Metall-Verhältnis $\leq \frac{1}{2}$ ergibt, beträgt die Stöchiometrie zwischen Adsorbat und Adsorbens bei einer linearen, verbrückenden und überdachenden Adsorptionsgeometrie jeweils 1:1, 1:2 bzw. 1:3. Die relative Häufigkeit der verschiedenen Adsorbatspezies hängt sowohl von Druck und Temperatur ab, als auch von der relativen Häufigkeit unterschiedlicher Adsorptionsplätze und somit von der Größe der Edelmetallpartikel [56]. Daher ist es in vielen Fällen schwierig, eine genaue Aussage über die Adsorptionsstöchiometrie zu treffen. Gerade für sehr kleine Edelmetallpartikel liegen bisher nur wenige Ergebnisse experimenteller Untersuchungen vor. Im Allgemeinen kann man jedoch von einem CO:Metall-Verhältnis zwischen 1 und 2 ausgehen. Da viele Autoren für die Ermittlung der Edelmetalldispersion mittels CO-Chemisorption von einer Adsorptionsstöchiometrie von 1 ausgehen [56], wird in der vorliegenden Arbeit zur Berechnung der Dispersion für Pt, Pd und Rh ebenfalls ein CO:Metall-Verhältnis von 1 angenommen.

Während die CO-Chemisorption zur Bestimmung der Dispersion einfacher Katalysatorsysteme, die außer Edelmetallen keine weiteren CO bindenden Komponenten enthalten, uneingeschränkt einsetzbar ist, erfordert ihre Anwendung auf NSC-Proben besondere Maßnahmen, um eine Verfälschung der Ergebnisse durch Aufnahme von CO durch den Washcoat zu verhindern. Insbesondere muss die Bildung von Carbonaten aus den Speicherkomponenten (Ce, Ba) unterdrückt werden, um eine selektive Adsorption von CO an den Edelmetallen zu gewährleisten und somit eine quantitative Aussage über die katalytisch aktive Oberfläche treffen zu können.

Im Rahmen dieser Arbeit wurden zwei unterschiedliche experimentelle Vorgehensweisen zur Bestimmung der Edelmetalldispersion der NSC-Proben angewendet und verglichen:

1. Unterdrückung der Aufnahme von CO durch den Washcoat mit Hilfe einer der CO-Sättigung vorangehenden Maskierung der Speicherkomponenten als Carbonate mit CO_2 [57]

2. Unterdrückung der CO-Adsorption an den Speicherkomponenten durch Absenkung der Temperatur auf -78°C für die CO-Sättigung [58]

Diese beiden experimentellen Methoden ermöglichen eine selektive Adsorption von CO an den Edelmetallen. Es ist jedoch nicht möglich, zwischen den einzelnen Edelmetallen zu unterscheiden, sodass die auf diese Weise ermittelte Dispersion der Summe der katalytisch aktiven Pt-, Pd- und Rh-Oberfläche entspricht. Somit wird im Rahmen dieser Arbeit die Veränderung der Gesamtedelmetalldispersion eines Serien-NSCs in Folge von Alterung untersucht.

3.3. Röntgendiffraktometrie (XRD)

Die Röntgendiffraktometrie (XRD, X-ray diffraction) dient zur Identifikation kristalliner Phasen sowie zur Untersuchung ihrer Eigenschaften. Sie beruht auf dem Prinzip der Beugung von Röntgenstrahlen an geordneten, periodischen Strukturen. Da die Abstände zwischen den Netzebenen in derselben Größenordnung ($\approx 10^{-10}$ m) liegen wie die Wellenlänge von

3. Charakterisierungsmethoden

Röntgenstrahlung, wirken kristalline Festkörper wie ein dreidimensionals Beugungsgitter auf Röntgenstrahlung. Beim Auftreffen von Röntgenstrahlung auf ein Kristallgitter, wird jeder Gitterpunkt zur Emission kohärenter Streustrahlung angeregt, die dieselbe Wellenlänge besitzt wie der einfallende Primärstrahl [59]. Eine mögliche Betrachtungsweise der Beugung von Röntgenstrahlen an Kristallen ist die Interferenz von Strahlen, die an parallelen Netzebenen reflektiert werden. Bei monochromatischer Strahlung und vorgegebenem Netzebenenabstand tritt konstruktive Interferenz nur bei bestimmten Einfallswinkeln auf. Die Bedingungen für konstruktive Interferenz sind gegeben, wenn der Gangunterschied der gebeugten Streustrahlung paralleler Netzebenen ein ganzzahliges Vielfaches der Wellenlänge beträgt. Diesen Zusammenhang beschreibt die Bragg-Gleichung:

$$n\lambda_L = 2d_A \sin\theta \tag{3.7}$$

n	Grad des Beugungsmaximums	[-]
λ_L	Wellenlänge der Röntgenstrahlung	[m]
d_A	Netzebenenabstand	[m]
θ	Glanzwinkel	[°]

Somit können die Netzebenenabstände kristalliner Verbindungen bei Verwendung monochromatischer Röntgenstrahlung durch Messung der Glanzwinkel ermittelt werden.

Die Position θ, Intensität und die Profilform der Beugungsreflexe enthalten außerdem weitere Informationen über die untersuchten Phasen. Eine in der heterogenen Katalyse häufig verwendete Methode ist die Bestimmung von Kristallitgrößen auf der Grundlage der Linienverbreiterung von Röntgenreflexen. Eine Verbreiterung von Braggreflexen kann verschiedene Ursachen haben, wobei zwischen den Beiträgen von Defekten in der Kristallstruktur und kleinen Korngrößen sowie instrumenteller Verbreiterung unterschieden werden muss [60]. Für die vorliegende Arbeit war die Bestimmung der Kristallitgrößen von Interesse. In diesem Fall tritt eine Verbreiterung des Beugungsreflexes dann auf, wenn die Größe kohärent streuendener Bereiche, d.h. die Kristallitgröße einer polykristallinen Phase im Mittel unterhalb von 100 nm liegt. Dabei nimmt die Reflexbreite mit abnehmender Kristallitgröße zu, weshalb die Reflexe sehr kleiner Kristallite einer Phase, die nur in geringer Konzentration vorliegt, im Untergrundrauschen untergehen können. Die mittlere Korngröße einer kristallinen Phase kann mit Hilfe der Scherrer-Gleichung über die Halbwertsbreite abgeschätzt werden.

$$L_c = \frac{K\lambda_L}{B(2\theta)\cos\theta} \tag{3.8}$$

L_c	mittlere Kristallitgröße	[m]
K	Scherrer-Konstante (Strukturfaktor für Kristallitform)	[-]
λ_L	Wellenlänge der monochromatischen Röntgenstrahlung	[m]
$B(2\theta)$	Halbwertsbreite	[rad]
θ	Glanzwinkel	[°]

Nach der Konvention wird die Kristallitgröße nach Scherrer für die identifizierten kristallinen Phasen über die Halbwertsbreite eines theoretischen Reflexes bei $2\theta = 30°$ berechnet. Eine Möglichkeit, die für die Scherrer-Analyse benötigte Halbwertsbreite zu bestimmen, ist die Modellierung des Diffraktogramms auf der Grundlage empirischer Profilfunktionen. Häufig zur Modellierung von Röntgenreflexen verwendete Funktionen sind die Pearson-VII-Funktion und Pseudo-Voigt-Funktion [61]. In der vorliegenden Arbeit werden Pseudo-Voigt-Funktionen, die eine Linearkombination aus Gauß- und Lorentzkurve sind, über die Methode der kleinsten Quadrate an die Messdaten gefittet. Um assymetrische Peakformen zu berücksichtigen, wird jeweils die linke und die rechte Hälfte eines Peaks separat modelliert.
Für $2\theta < 2\theta_0$:

$$PV_l(2\theta) = \eta L_l(2\theta) + (1 - \eta)G_l(2\theta) \tag{3.9}$$

Für $2\theta > 2\theta_0$:

$$PV_r(2\theta) = \eta L_r(2\theta) + (1 - \eta)G_r(2\theta) \tag{3.10}$$

Die Profilanalyse mittels Modellierung des Beugungsbildes ermöglicht zudem eine semiquantitative Analyse der identifizierten kristallinen Phasen.

$2\theta_0$	Position des Reflexes
$L_{l/r}(2\theta)$	Lorentzfunktion
$G_{l/r}(2\theta)$	Gaußfunktion
η	Lorentzfaktor

3.4. Transmissionselektronenmikroskopie (TEM)

Die Transmissionselektronenmikroskopie (TEM) ermöglicht es, die Morphologie des Katalysators direkt zu betrachten, da mit dieser Technik sehr hohe Auflösungen erreicht werden können, die bis in den atomaren Bereich reichen. Somit können die Verteilung von Aktiv- und Speicherkomponenten im Washcoat aufgeklärt sowie Erkenntnisse über strukturelle Veränderungen gewonnen werden, die durch thermische Alterung hervorgerufen werden. Das Prinzip der Elektronenmikroskopie entspricht dem eines Lichtmikroskops, jedoch ist das Auflösungsvermögen um ein Vielfaches höher, da Elektronen eine signifikant kürzere Wellenlänge besitzen als sichtbares Licht. Nach der Theorie von Abbe ist die Auflösungsgrenze δ_{min} eines Mikroskops durch die verwendete Wellenlänge und die numerische Apertur des Objektivs gegeben.

$$\delta_{min} = 0,61\,\frac{\lambda_L}{n_a \sin \alpha} \tag{3.11}$$

δ_{min}	Auflösungsgrenze	[m]
λ_L	Wellenlänge	[m]
n_a	Brechungsindex vor der Objektivlinse	
α	halber Öffnungswinkel des Objektivs	[rad]

Die Wellenlänge von Elektronen hängt wiederum nach der De-Broglie-Beziehung von ihrer kinetischen Energie ab.

$$\lambda_L = \frac{h}{mv_e} \tag{3.12}$$

Im Transmissionselektronenmikroskop wird die benötigte Auflösung durch Modulation der Wellenlänge der Elektronen über die Beschleunigungsspannung eingestellt. Dabei werden

h	Plancksches Wirkungsquantum	[J s]
m	Teilchenmasse	[g]
v_e	Geschwindigkeit	[m/s]

die von einer Kathode emittierten Elektronen im Vakuum zur Anode hin beschleunigt und über ein System aus magnetischen Linsen fokussiert [62]. Für die Betrachtung in Transmission müssen die Proben elektronentransparent und somit sehr dünn (i.d.R. < 100 nm) sein, da Elektronen stark mit der Materie wechselwirken und bei zu großer Materialstärke vollständig absorbiert werden. Bildkontrast wird nach der Hellfeldmethode dadurch erreicht, dass die Objektivaperturblende in der Beugungsbildebene in die zentrale Position gebracht wird und somit je nach Blendengröße die Beugungsanteile mit großen und mittleren Streuwinkeln ausgeblendet werden. So erscheinen Partikel, die Elemente höherer Ordnungszahl enthalten, dunkler. Im Dunkelfeld-Modus hingegen, wird die Objektivöffnung so eingestellt, dass nur in einem bestimmten Winkel gebeugte Elektronen detektiert werden. In diesem Fall werden nur Partikel hell abgebildet, die zu diesem Beugungsanteil beitragen. Dunkelfeldabbildungen weisen in der Regel einen höheren Kontrast auf als Hellfeldabbildungen [56].

Für die Bestimmung der Elementzusammensetzung im betrachteten Bereich wurde die engergiedispersive Röntgenspektroskopie (EDX, Energy dispersive X-ray spectroscopy) eingesetzt. Dabei wird die für ein Element charakteristische Röntgenstrahlung detektiert, die bei der Wechselwirkung eines Elektronenstrahls definierter Energie mit den Atomen der Probe entsteht [63].

Da Elektronen bei der Durchstrahlung der Probe an den Netzebenen kristalliner Verbindungen gebeugt werden, kann die Aufnahme des Beugungsbildes für kristallographische Untersuchungen verwendet werden. Im Rahmen der vorliegenden Arbeit wurde SAED (selected area electron diffraction) genutzt, um die Kristallinität unterschiedlich gealterter NSC-Proben zu vergleichen.

Eine spezielle Art der Transmissionselektronenmikroskopie ist die Rastertransmissionselektronenmikroskopie (STEM, Scanning transmission electron microscopy). Hierbei wird die

Probe mit einem stark fokussierten Elektronenstrahl abgerastert, sodass jeder Bildpunkt einem Punkt auf der Probe entspricht. Dadurch ist es in Kombination mit EDX möglich, ausgewählte Abschnitte der untersuchten Probe zu kartographieren und somit die räumliche Verteilung von Elementen zu ermitteln. Ein weiterer Vorteil von STEM ist die Möglichkeit, Detektoren für das sogenannte high-angle annular dark field (HAADF) einzusetzen. Dies ermöglicht die Unterscheidung von chemischen Elementen anhand der Signalintensität, da nur inkohärent gestreute Elektronen zur Bildentstehung beitragen, was die Methode sehr sensitiv gegenüber Änderungen in der Ordnungszahl ($\sim Z^2$) macht [56].

4. Grundlagen der mikrokinetischen Modellierung

Die in diesem Kapitel dargestellten Grundlagen basieren auf umfangreichen Vorarbeiten von Deutschmann, Chatterjee und Tischer [64–66].

4.1. Allgemeines

In dieser Arbeit werden monolithische Katalysatoren betrachtet. Dabei dient zur Beschreibung der physikalischen und chemischen Prozesse, die auf mehreren Skalen ablaufen, ein einzelner repräsentativer Kanal (Abb. 4.1). Im Einzelnen sind folgende Vorgänge zu beachten:

- Transport von Impuls, Energie und chemischen Spezies in der Gasphase durch Konvektion in Strömungsrichtung

- Transportvorgänge durch Diffusion in der fluiden Phase

- Diffusion der chemischen Spezies innerhalb einer porösen Washcoatschicht

- Adsorption gasförmiger Spezies auf katalytisch aktiven Zentren

- Reaktion adsorbierter Spezies entweder untereinander oder mit Spezies aus der Gasphase

- Desorption adsorbierter Spezies

- Transport der Produkte durch Diffusion und Konvektion in die Gasphase

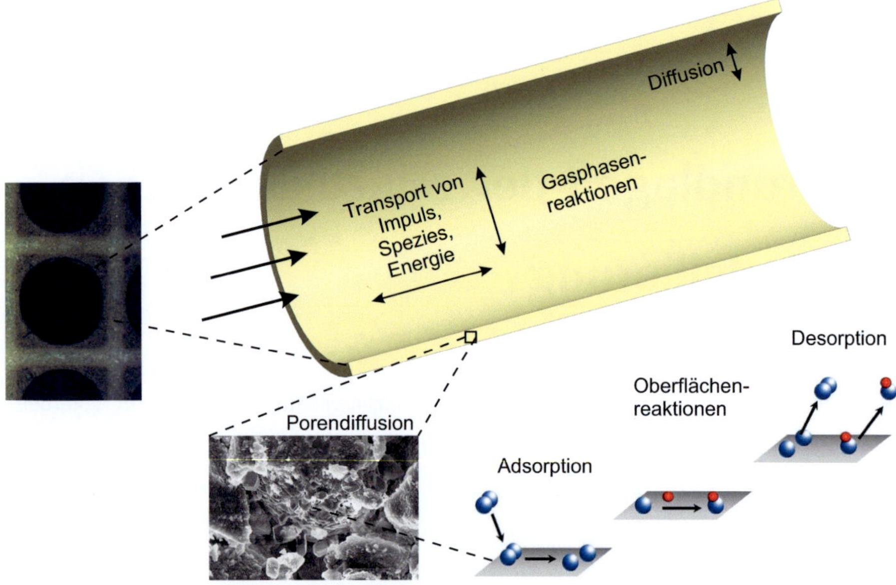

Abb. 4.1.: Chemische und physikalische Prozesse in einem Kanal eines Wabenkatalysators.

Die Simulation heterogen katalytischer Prozesse lässt sich in die Modellierung chemischer Reaktionen einerseits und die detaillierte mathematische Beschreibung der Kanalströmung im Monolithen andererseits aufteilen. Zunächst soll das numerische Modell chemischer Reaktionen näher erläutert werden.

4.2. Reaktionskinetik

Aufgrund der in Dieselabgasen herrschenden niedrigen Temperaturen und Drücke sowie der hohen Strömungsgeschwindigkeit und der damit verbundenen geringen Aufenthaltszeit im Katalysator können Gasphasenreaktionen vernachlässigt werden [67]. Daher soll im Folgenden nur auf die Modellierung heterogener Reaktionen eingegangen werden.

4.2.1. Reaktionen auf katalytischen Festkörper-Oberflächen

Bei der heterogenen Katalyse liegt der Katalysator in einem anderen Aggregatzustand vor als Reaktanden und Produkte. Im Fall der Gas-/Feststoff-Katalyse reagieren Moleküle aus der Gasphase an der Oberfläche eines katalytisch aktiven Festkörpers. Im Allgemeinen lassen sich die Reaktionen auf Oberflächen in drei Typen unterteilen:

1. Reaktionen, bei denen Moleküle aus der Gasphase eine Bindung mit der festen Phase eingehen (Adsorption)

2. Reaktionen, bei denen das Adsorbat den Adsorbens verlässt (Desorption)

3. Reaktionen mit bzw. zwischen Adsorbaten

4.2.1.1. Adsorption

Bei der Adsorption chemischer Spezies auf Oberflächen unterscheidet man zwischen Physisorption und Chemisorption. Beide Prozesse unterscheiden sich in der Art der Wechselwirkung mit der Oberfläche. Während das adsorbierte Molekül bei der Physisorption als solches erhalten bleibt, ist die Chemisorption durch Reaktion des Moleküls mit dem Adsorbens charakterisiert. Die Physisorption beruht ausschließlich auf den schwachen, weitreichenden Van-der-Waals-Kräften, wobei ihre Adsorptionswärme mit einer typischen Größenordnung von 20 kJ/mol im Bereich der Kondensationsenthalpie liegt [68]. Bei der Chemisorption werden chemische Bindungen - meist kovalenter Art - zwischen Molekülen aus der Gasphase und dem Festkörperkatalysator gebildet. Da sehr hohe Adsorptionswärmen möglich sind (40 - 800 kJ/mol), können Bindungen von adsorbierten Molekülen derart angeregt werden, dass es zur Bindungsspaltung kommt. In diesem Fall liegt eine dissoziative Adsorption vor.

In der Regel besitzen Adsorptionsprozesse sehr geringe Aktivierungsenergien, weshalb man sie häufig näherungsweise als unaktiviert betrachten kann. Einen weitaus größeren Einfluss auf die Oberflächenbedeckung eines Katalysators als die Aktivierungsenergie für die Chemisorption und somit auch auf die Kinetik von heterogen katalysierten Reaktionen haben hingegen Haftkoeffizienten, die ein Maß für die Adsorptionswahrscheinlichkeit sind und sich um mehrere Größenordnungen voneinander unterscheiden können, sowie die Aktivierungsenergie der Desorption einzelner Spezies.

4.2.1.2. Desorption

Ebenso wie bei der Chemisorption sowohl molekulare als auch dissoziative Adsorption existieren, unterscheidet man bei der Desorption zwischen molekularen und assoziativen Prozessen.

Mit Hilfe der Theorie des Übergangszustandes können die Größenordnungen präexponentieller Faktoren (siehe Gleichung 4.7) auf der Grundlage von Annahmen über Freiheitsgrade der Adsorbate und des aktivierten Komplexes abgeschätzt werden [69]. Wird die Reaktionsgeschwindigkeit - wie im Fall des Programms DETCHEM, das in der vorliegenden Arbeit zur Modellierung heterogen katalytischer Prozesse verwendet wird - über Konzentrationen statt Oberflächenbedeckungsgraden berechnet, so muss die Oberflächenplatzdichte Γ (siehe Abschnitt 4.2.2) bei der Angabe des präexponentiellen Faktors berücksichtigt werden. Dabei gilt für Reaktionen zwischen zwei Oberflächenspezies:

$$A \left[\frac{cm^2}{mol\ s} \right] = \frac{A'\ [\frac{1}{s}]}{\Gamma\ [\frac{mol}{cm^2}]} \tag{4.1}$$

4.2.1.3. Reaktionen mit und zwischen Adsorbaten

Man unterscheidet prinzipiell zwischen zwei Reaktionsabläufen [59]:

1. Der *Langmuir-Hinshelwood-Mechanismus* bezeichnet den Verlauf der Produktbildung über eine Reaktion von Adsorbaten untereinander:

$$A(g) + (s) \rightleftharpoons A(s)$$
$$B(g) + (s) \rightleftharpoons B(s)$$
$$A(s) + B(s) \rightleftharpoons AB(s) + (s)$$
$$AB(s) \rightleftharpoons AB(g) + (s)$$

2. Der *Eley-Rideal-Mechanismus* geht davon aus, dass das Produkt durch Reaktion eines Moleküls aus der Gasphase mit einem Adsorbat gebildet wird, wobei es häufig unmittelbar nach seiner Entstehung die Oberfläche verlässt:

$$A(g) + (s) \rightleftharpoons A(s)$$
$$A(s) + B(g) \rightleftharpoons AB(g) + (s)$$

4.2.2. Mean-Field-Approximation

Da wenig über die zahlreichen verschiedenen Oberflächenstrukturen und die damit einhergehenden unterschiedlichen Adsorptionsplätze bekannt ist, wird in dieser Arbeit zur Modellierung von heterogen katalytischen System vom mikrokinetischen Ansatz der Mean-Field-Approximation ausgegangen, die elementare Prozesse über Mittelwerte berücksichtigt. Diese Näherung beinhaltet die Annahme, dass die Oberfläche aus einer gegebenen Anzahl an Adsorptionsplätzen besteht, auf denen die Adsorbate zufällig verteilt sind. Die Oberflächenplatzdichte Γ charakterisiert die reaktive Oberfläche, indem sie die Anzahl der zur Adsorption zur Verfügung stehenden Plätze pro Fläche angibt. Sie ist vom betrachteten Material abhängig und variiert in Abhängigkeit von der Oberflächenstruktur. Für die Platinoberfläche wird in dieser Arbeit ein Wert von $2{,}72 \cdot 10^{-9}$ mol/cm^2 verwendet, was der Dichte von Platinatomen auf einer Pt(111)-Oberfläche entspricht.

Der Zustand der Katalysatoroberfläche wird über lokal gemittelte Bedeckungsgrade Θ_i beschrieben, die von der Position im Reaktor abhängen. Jeder Oberflächenspezies i, wobei sowohl adsorbierte Teilchen als auch freie Oberflächenplätze als solche gelten, kann ein Bedeckungsgrad Θ_i zugeordnet werden. Dieser gibt an, welchen Anteil der Oberfläche die entsprechende Spezies einnimmt. Wenn N_s die Anzahl der Oberflächenspezies bezeichnet, gilt:

$$\sum_{i=1}^{N_s} \Theta_i = 1 \tag{4.2}$$

Die zeitliche Änderung der Bedeckungsgrade ist gegeben durch:

$$\frac{\partial \Theta_i}{\partial t} = \frac{\dot{s}_i \sigma_i}{\Gamma} \tag{4.3}$$

Hierbei ist $\dot{s}_i$ die molare Bildungsgeschwindigkeit der Oberflächenspezies i, und σ_i die Anzahl der Oberflächenplätze, die ein Teilchen der Spezies i belegt.

4.2.3. Oberflächenreaktionen

Allgemein lässt sich ein Reaktionsmechanismus in folgender Form ausdrücken:

$$\sum_{i=1}^{N_g+N_s} \nu'_{ik} A_i \longrightarrow \sum_{i=1}^{N_g+N_s} \nu''_{ik} A_i \quad \text{mit} \quad k = 1, \dots, K_s \tag{4.4}$$

In der oben stehenden Gleichung ist A_i das Symbol für die i-te Spezies. N_s ist die Anzahl der Oberflächenspezies, N_g die Anzahl der Gasphasenspezies und K_s die Gesamtzahl der Oberflächenreaktionen einschließlich Adsorption und Desorption. ν'_{ik} und ν''_{ik} stellen jeweils die stöchiometrischen Koeffizienten der Edukte und der Produkte dar. Die Gleichung kann stets derart formuliert werden, dass ν'_{ik} und ν''_{ik} ganzzahlig sind. Ihre Differenz soll als ν_{ik} bezeichnet werden:

$$\nu_{ik} := \nu''_{ik} - \nu'_{ik} \tag{4.5}$$

Die Reaktionsordnung sei $\tilde{\nu}'_{jk}$. Nun lässt sich die Bildungsrate $\dot{s}_i$ der Spezies i folgendermaßen beschreiben:

$$\dot{s}_i = \sum_{k=1}^{K_s} \nu_{ik} k_{fk} \prod_{j=1}^{N_g+N_s} c_j^{\tilde{\nu}'_{jk}} \tag{4.6}$$

Üblicherweise werden die Konzentrationen der Gasphasenspezies in mol/m^3 und die der Oberflächenspezies in mol/m^2 angegeben. Die Oberflächenkonzentration c_j einer Spezies j berechnet sich aus dem Produkt der Oberflächenbedeckung dieser Spezies Θ_j und der Oberflächenplatzdichte $\frac{\Gamma_j}{\sigma_j}$, wobei σ_j die Anzahl der Oberflächenplätze, die ein Teilchen der Spezies j belegt, angibt.

Die Geschwindigkeitskoeffizienten der Oberflächenreaktionen k_{fk} werden durch ein modifiziertes Arrheniusgesetz beschrieben:

$$k_{fk} = A_k\, T^{\beta_k} \exp\left[-\frac{E_{ak}}{RT}\right] \cdot f_k(\{\Theta_i\}) \tag{4.7}$$

Hier stellt A_k den präexponentiellen Faktor dar, β_k den Temperaturexponenten und E_{ak} die Aktivierungsenergie der k-ten Reaktion dar. Mit dem zusätzlichen Term $f_k(\{\Theta_i\})$ wird berücksichtigt, dass Adsorbate eine Änderung des energetischen Zustands von Oberflächen bewirken können, was sich über die Standardbildungsenthalpie der adsorbierten Spezies auf die Höhe der Aktivierungsenergie einiger Reaktionen auswirkt. So wird zur Modellierung der Bedeckungsabhängigkeiten folgende funktionale Form gewählt:

$$f_k(\{\Theta_i\}) = \prod_{i=1}^{N_s} \exp\left[\frac{\epsilon_{ik}\Theta_i}{RT}\right] \tag{4.8}$$

Für die Berücksichtigung der Bedeckungsabhängigkeit der Aktivierungsenergie wird ein zusätzlicher Modellparameter ϵ_{ik} eingeführt, der den Wert bezeichnet, um den sich die Aktivierungsenergie E_{ak} bei vollständiger Bedeckung der Oberfläche mit der Spezies i ändert.

Üblicherweise werden Adsorptionsprozesse mit Hilfe von Haftkoeffizienten S_i beschrieben. Im Wesentlichen geben sie die Wahrscheinlichkeit ($0 \leq S_i \leq 1$) an, mit der ein Teilchen, das mit der Oberfläche kollidiert, adsorbiert wird. Haftkoeffizienten sind im Allgemeinen temperatur- und bedeckungsabhängig. Als Anfangshaftkoeffizient S_i^0 bezeichnet man den Haftkoeffizienten bei vollständig unbedeckter Oberfläche. So kann eine lokale Adsorptionswahrscheinlichkeit folgendermaßen definiert werden:

$$S_i^{\text{eff}} = S_i^0 \prod_{i=1}^{N_s} \Theta_j^{\nu'_{jk}} \tag{4.9}$$

Aus der kinetischen Gastheorie ergibt sich nun folgender Ausdruck für die Reaktionsgeschwindigkeit $\dot{s}_i$:

$$\dot{s}_i = S_i^{\text{eff}} \sqrt{\frac{RT}{2\pi M_i}} c_i \tag{4.10}$$

Gleichung 4.10 setzt eine Boltzmann-Verteilung der kinetischen Energie der Moleküle in Oberflächennähe voraus.

4.2.4. Elementarreaktionen

Unter einer Elementarreaktion versteht man eine Reaktion, die auf molekularer Ebene exakt so abläuft, wie sie durch die Reaktionsgleichung beschrieben wird, wobei sich jede tatsächlich ablaufende Reaktion in Elementarreaktionen unterteilen lässt.

Im Rahmen dieser Arbeit soll die Platin-katalysierte CO-Oxidation durch einen Reaktionsmechanismus dargestellt werden, der auf elementaren Reaktionen basiert. Der Vorteil dieses Ansatzes liegt darin, dass die Parameter, die der hier zur Beschreibung der Reaktionskinetik verwendeten Arrhenius-Gleichung zugrunde liegen, für Elementarreaktionen physikalisch messbare Größen sind. Insbesondere gilt, dass die Reaktionsordnungen den stöchiometrischen Koeffizienten entsprechen:

$$\tilde{\nu}'_j = \nu'_j \tag{4.11}$$

Ein globalkinetischer Ansatz hätte zwar den Vorteil, dass der Rechenaufwand geringer und die genaue Kenntnis der Kinetik nicht erforderlich wäre, jedoch stellen die kinetischen Parameter der Arrhenius-Gleichung in diesem Fall Fit-Parameter dar, die nur unter bestimmten Randbedingungen gelten, sodass kein Potenzial einer zuverlässigen Extrapolation besteht. Darüber hinaus können sich bei Verwendung eines globalen Modells Vereinfachungen in der Beschreibung des Massentransports auf die globalkinetischen Parameter auswirken. Ein detaillierter Ansatz hingegen, der auf Elementarreaktionen basiert und in der Lage ist, Transportvorgänge sowie chemische Prozesse separat zu beschrieben, ermöglicht eine Anwendung des auf diese Weise entwickelten Modells auf eine große Anzahl von Problemstellungen.

4.3. Thermodynamische Konsistenz

Betrachtet man die folgende Reaktion

$$\sum_i \nu'_{ik} A_i \underset{k_{rk}}{\overset{k_{fk}}{\rightleftharpoons}} \sum_i \nu''_{ik} A_i \tag{4.12}$$

so ist das Gleichgewicht vollständig durch die thermodynamischen Eigenschaften der beteiligten Spezies bestimmt [69, 70]. Ausgedrückt in Form der Gleichgewichtskonstanten K_{pk} erfüllen die Aktivitäten a_i^{eq} im Gleichgewichtszustand folgende Gleichung:

$$K_{pk} = \prod_i (a_i^{eq})^{\nu_{ik}} = \exp\left[-\frac{\Delta_{Rk}G^0}{RT}\right] = \exp\left[-\frac{\Delta_{Rk}H^0}{RT}\right] \cdot \exp\left[\frac{\Delta_{Rk}S^0}{R}\right] \tag{4.13}$$

Dabei ist $\nu_{ik} = \nu'_{ik} - \nu''_{ik}$, R steht für die die Gaskonstante, T die Temperatur, $\Delta_{Rk}S^0$ bezeichnet die Reaktionsentropie, $\Delta_{Rk}H^0$ die Reaktionsenthalpie und $\Delta_{Rk}G^0$ die freie Reaktionsenthalpie bei Normaldruck p^0. Für letztere gilt:

$$\Delta_{Rk}G^0(T) = \sum_{i=1}^{N_g} \nu_{ik} G_i^0(T) + \sum_{i=N_{g+1}}^{N_g+N_s} \nu_{ik} G_i^0(T) \tag{4.14}$$

Betrachtet man ideale Gase, so kann man die Aktivitäten durch Partialdrücke $a_i = \frac{p_i}{p^0}$ ersetzen, bei Oberflächenspezies entsprechen sie den Oberflächenbedeckungen $a_i = \Theta_i$.

4. Grundlagen der mikrokinetischen Modellierung

Im chemischen Gleichgewicht laufen auf mikroskopischer Ebene Hin- und Rückreaktion mit gleicher Geschwindigkeit ab, makroskopisch ist somit kein Umsatz mehr zu beobachten. Zur korrekten Berechnung der Lage des Gleichgewichts müssen die Geschwindigkeitskoeffizienten der Hin- und Rückreaktion folgende Gleichung erfüllen:

$$\frac{k_{fk}}{k_{rk}} = K_{pk} \cdot \prod_{i=1}^{N_g+N_s} (c_i^0)^{\nu_{ik}} \tag{4.15}$$

c_i^0 ist dabei die Referenzkonzentration bei Normaldruck, d.h. $c_i^0 = \frac{p^0}{RT}$ für Gasphasen- und $c_i^0 = \frac{\Gamma}{\sigma_i}$ für Oberflächenspezies. Die Geschwindigkeitskoeffizienten sind durch einen Arrhenius-Ansatz definiert.

Im Allgemeinen lässt sich der Geschwindigkeitskoeffizient der Rückreaktion bei Kenntnis der Geschwindigkeitskoeffizienten der Hinreaktion aus thermodynamischen Größen berechnen. Die Schwierigkeit beim Aufstellen von Elementarmechanismen in der heterogenen Katalyse besteht darin, dass thermodynamische Daten von Oberflächenspezies oft unbekannt sind. Zur Berechnung der Geschwindigkeitskoeffizienten der Rückreaktionen kann Gleichung 4.15 deshalb oft nicht herangezogen werden. In diesem Fall müssen die Geschwindigkeitsgesetze der Hin- und Rückreaktion separat aufgestellt werden. Die Geschwindigkeitskoeffizienten können jedoch nicht unabhängig voneinander definiert werden, da Oberflächenreaktionsmechanismen in der Regel mehr reversible Reaktionspaare als Oberflächenspezies beinhalten.

Während der Reaktionsmechanismusentwicklung wurde daher der in DETCHEM^{ADJUST} implementierte Anpassungsalgorithmus verwendet, um sicherzustellen, dass für einen vorgeschlagenen Satz von Geschwindigkeitskoeffizienten thermodynamische Funktionen $G_i(T)$ für alle Oberflächenspezies existieren [71]. Dieser Algorithmus stellt eine verbesserte Version des in [72] beschriebenen Verfahrens dar, sodass gewährleistet werden kann, dass sich die Funktionen $G_i(T)$ thermodynamisch sinnvoll verhalten, d.h. die resultierende Wärmekapazität stets einen positiven Wert annimmt. Hier seien näherungsweise $x_{f/rk}(T) = \ln k_{f/rk}(T)$ und $y_i(T) = G_i(T)/RT$ Funktionen der Form $a + b \ln T + \frac{c}{T}$. Durch Einsetzen von Gleichung 4.13 in Gleichung 4.15 erhält man ein Gleichungssystem mit Gleichungen der Form:

44

$$x_{fk}(T) - x_{rk}(T) = \ln\left[\prod_{i=1}^{N_g+N_s}(c_i^0)^{\nu_{ik}}\right] - \sum_{i=1}^{N_g}\nu_{ik}\frac{G_i(T)}{RT} - \sum_{i=N_g+1}^{N_g+N_s}\nu_{ik}y_i(T) \qquad (4.16)$$

In der Regel stellt dies ein überbestimmtes Gleichungssystem für die (unbekannten) thermodynamischen Funktionen $y_i(T)$ der Oberflächenspezies dar. Das Ziel des Anpassungsalgorithmus ist es, derartige (optional gewichtete) minimale Veränderungen an den Funktionen $x_{f/rk}(T)$ vorzunehmen, sodass für alle Oberflächenspezies Funktionen $y_i(T)$ existieren. Somit ist der Algorithmus nicht nur in der Lage, thermodynamisch konsistente Geschwindigkeitskoeffizienten bereitzustellen, sondern auch sinnvolle thermodynamische Potenziale für die Oberflächenspezies abzuschätzen.

4.4. Modellierung von Wabenkatalysatoren

4.4.1. Vorgehensweise

In der vorliegenden Arbeit erfolgt die Modellierung des Wabenkörpers anhand eines repräsentativen Einzelkanals (siehe Abb. 4.1). Diese Vorgehensweise ist dann gerechtfertigt, wenn keine radialen Konzentrations-, Geschwindigkeits- oder Temperaturgradienten am Eingang des Wabenkörper vorliegen und am Wabenkörpermantel adiabatische Randbedingungen gelten [65]. Des Weiteren kann das Einzelkanalmodell auch für die Modellierung des gesamten Wabenkörpers unter Bedingungen, wie sie bei der Kaltstartphase oder variierenden Einströmbedingungen vorliegen, verwendet werden [73].

4.4.2. Modellierung reaktiver Strömungen

Verstärkt durch die Auskleidung der Wände der Wabenkanäle mit Washcoat kann für das Strömungsfeld im Kanalinneren eine Zylindersymmetrie angenommen werden. Außerdem geht man bei der Modellierung reaktiver Strömungen in Mikrokanälen vom stationären Zustand aus, sofern die Eingangsbedingungen konstant sind. Ein Einzelkanal entspricht reaktionstechnisch einem Strömungsrohr, in dem Transport- und Strömungsprozesse durch *Navier-Stokes-Gleichungen* detailliert beschrieben werden können. Unter bestimmten Bedingungen sind Vereinfachungen des Modells des realen Strömungsrohres möglich, die zu einer erheblichen Verminderung des benötigten Rechenaufwands führen. Im Folgenden wird näher darauf eingegangen.

4.4.2.1. Navier-Stokes-Gleichungen

Strömungen von Fluiden in Kanälen können prinzipiell durch Navier-Stokes-Gleichungen beschrieben werden. Sie enthalten primär Gleichungen für die Massen- und Impulserhaltung. Weiterhin sind für die Modellierung von chemisch reaktiven Strömungen Gleichungen zur Erhaltung der Energie bzw. Enthalpie sowie der einzelnen Speziesmassen zu berücksichtigen. Für einen rotationssymmetrischen Kanal erhält man in Zylinderkoordinaten:

Massenerhaltung (Kontinuitätsgleichung):

$$\frac{\partial(\rho u)}{\partial z} + \frac{1}{r}\frac{\partial(r\rho v)}{\partial r} = 0 \tag{4.17}$$

Impulserhaltung in axialer Richtung:

$$\rho u\frac{\partial u}{\partial z} + \frac{1}{r}\rho v\frac{\partial(ru)}{\partial r} = -\frac{\partial p}{\partial z} + \frac{\partial}{\partial z}\left[\frac{4}{3}\mu\frac{\partial u}{\partial z} - \frac{2}{3}\frac{\mu}{r}\frac{\partial(rv)}{\partial r}\right] + \frac{1}{r}\frac{\partial}{\partial r}\left[\mu r\left(\frac{\partial v}{\partial z} + \frac{\partial u}{\partial r}\right)\right] \tag{4.18}$$

Impulserhaltung in radialer Richtung:

$$\rho u\frac{\partial v}{\partial z} + \frac{1}{r}\rho v\frac{\partial(rv)}{\partial r} = -\frac{\partial p}{\partial r} + \frac{\partial}{\partial z}\left[\mu\left(\frac{\partial v}{\partial z} + \frac{\partial u}{\partial r}\right)\right] + \frac{\partial}{\partial r}\left[-\frac{2}{3}\mu\frac{\partial u}{\partial z} + \frac{4}{3}\frac{\mu}{r}\frac{\partial(rv)}{\partial r}\right] \tag{4.19}$$

Energieerhaltung:

$$\rho u \frac{\partial h}{\partial z} + \frac{1}{r}\rho v \frac{\partial (rh)}{\partial r} = u \frac{\partial p}{\partial z} + v \frac{\partial p}{\partial r} - \frac{\partial}{\partial z} q_z - \frac{1}{r}\frac{\partial (rq_r)}{\partial r} \tag{4.20}$$

Massenerhaltung der Spezies:

$$\rho u \frac{\partial Y_i}{\partial z} + \frac{1}{r}\rho v \frac{\partial (rY_i)}{\partial r} = - \frac{\partial j_{i,z}}{\partial z} - \frac{1}{r}\frac{\partial (rj_{i,r})}{\partial r} \tag{4.21}$$

Die in den obigen Erhaltungsgleichungen verwendeten Symbole stehen für:

r	Radiale Koordinate	[m]
z	Axiale Koordinate	[m]
ρ	Dichte	[kg m^{-3}]
u	Axiale Strömungsgeschwindigkeit	[m s^{-1}]
v	Radiale Strömungsgeschwindigkeit	[m s^{-1}]
p	Druck	[Pa]
Y_i	Massenbruch der Spezies i	
M_i	Molare Masse der Spezies i	[kg mol^{-1}]
μ	Viskosität	[kg m^{-1} s^{-1}]
h	Spezifische Enthalpie	[J kg^{-1}]
q_r	Wärmestromdichte	[J s^{-1} m^{-2}]
$j_{i,r}$	Radiale Diffusionsstromdichte	[mol m^{-2} s^{-1}]

Für die eindeutige Lösung des Differenzialgleichungssystems sind Randbedingungen notwendig. Bei chemisch reaktiven Strömungen sind sie u.a. durch die Kopplung von Oberflächenreaktionen mit den Vorgängen in der Gasphase gegeben. Da sich im stationären Zustand die Oberflächenbedeckungen nicht ändern, beeinflussen heterogene chemische Reaktionen makroskopisch gesehen nur die Gasphase. Dadurch ergeben sich folgende Randbedingungen an der Phasengrenze:

- der durch die Oberflächenreaktionen erzeugte Spezies-Massenfluss in die Gasphase entspricht dem diffusiven Massenfluss an der Oberfläche

$$j_{i,r} = -\eta_i F_{\text{cat/geo}} M_i \dot{s}_i \tag{4.22}$$

Hierbei bezeichnet η_i den Effektivitätskoeffizienten, der zur Berücksichtigung der Transportlimitierung durch die Porendiffusion im Washcoat verwendet wird (s. Abschnitt 4.4.3.1) und $F_{\text{cat/geo}}$ das Verhältnis der katalytischen zur geometrischen Oberfläche, in diesem Fall der Oberfläche des Zylindermantels.

- für $r = r_0$ ist $u = 0$

- T_W bezeichne die Wandtemperatur, T die Temperatur der fluiden Phase: An der Kanalwand gilt $T = T_W$

4.4.2.2. Boundary-Layer-Approximation

Die Grenzschicht-Gleichungen (Boundary-Layer-Gleichungen) sind eine Vereinfachung der Navier-Stokes-Gleichungen zur Beschreibung eines realen Strömungsrohres. Ihre Anwendung führt bei einem signifikant reduzierten Rechenaufwand im Vergleich zum vollständigen Navier-Stokes-Modell zu korrekten Ergebnissen, falls der diffusive Transport gegenüber dem konvektiven Transport in axialer Richtung vernachlässigbar ist. Dies ist der Fall, wenn folgende Bedingung erfüllt ist [74]:

$$Re_d \cdot Sc \gg 1 \tag{4.23}$$

mit Reynolds-Zahl $Re_d = \frac{\rho u d}{\mu}$ und Schmidt-Zahl $Sc = \frac{\mu}{\rho D_i}$.

Bei einem realen Abgaskatalysator mit einem Kanaldurchmesser von 1 mm liegen die axialen Strömungsgeschwindigkeiten im Bereich von 0,5 bis 25 $\frac{\text{m}}{\text{s}}$ mit entsprechenden Reynoldszahlen Re von 10 bis 300 [75]. Für die meisten Komponenten in Abgasmischungen kann eine

Schmidt-Zahl Sc von ungefähr eins angenommen werden [76], sodass hier die Vernachlässigung der axialen Diffusion gegenüber der Konvektion gerechtfertigt ist.

Durch Anwendung der Grenzschicht-Näherung entfallen in den Navier-Stokes-Gleichungen alle Ableitungen höherer Ordnung, die wenigstens eine Komponente parallel zur Oberfläche (axiale Diffusionsterme) enthalten, Terme in v^2, sowie sämtliche radiale Druckgradienten. Aus numerischer Sicht wird dadurch aus einem elliptischen Differenzialgleichungssystem ein parabolisches, welches sich wesentlich schneller berechnen lässt. In Zylinderkoordinaten formuliert ergeben sich damit vereinfachte Bilanzgleichungen [74, 77, 78].

Massenerhaltung:

$$\frac{\partial(\rho u)}{\partial z} + \frac{1}{r}\frac{\partial(r\rho v)}{\partial r} = 0 \tag{4.24}$$

Axiale Impulserhaltung:

$$\rho u \frac{\partial u}{\partial z} + \rho v \frac{1}{r}\frac{\partial(ru)}{\partial r} = -\frac{\partial p}{\partial z} + \frac{1}{r}\frac{\partial}{\partial r}\left(\mu r \frac{\partial u}{\partial r}\right) \tag{4.25}$$

Radiale Impulserhaltung:

$$0 = \frac{\partial p}{\partial r} \tag{4.26}$$

Spezies Massenerhaltung:

$$\rho u \frac{\partial Y_i}{\partial z} + \rho v \frac{\partial Y_i}{\partial r} = -\frac{1}{r}\frac{\partial(rj_{i,r})}{\partial r} \tag{4.27}$$

Energieerhaltung:

$$\rho u \frac{\partial h}{\partial z} + \rho v \frac{\partial h}{\partial r} = u\frac{\partial p}{\partial z} - \frac{1}{r}\frac{\partial(rq_r)}{\partial r} \tag{4.28}$$

4.4.2.3. Plug-Flow-Modell

Eine weitergehende Vereinfachung der Boundary-Layer-Gleichungen erreicht man durch das Plug-Flow-Modell, welches seiner Bezeichnung entsprechend von einer eindimensionalen Pfropfenströmung im Kanal ausgeht. Die Eliminierung der radialen Koordinate erfolgt dabei über die Mittelung von Werten über den Querschnitt. Somit ist eine schnelle radiale Durchmischung Vorraussetzung für die Anwendung dieses einfachen Modells. Dies ist bei turbulenten Strömungen oder Strömungen mit kinetisch limitierter Reaktionsgeschwindigkeit gegeben, da in diesen Fällen die externe Massentransportlimitierung in der Regel vernachlässigt werden kann. Nach Integration der Boundary-Layer-Gleichungen über den Kanalquerschnitt $2\pi \int_0^{r_0} \ldots r\, dr$ und anschließender Division durch die Querschnittsfläche πr_0^2 tritt für die Bilanzen ein Gleichungssystem aus gewöhnlichen Differentialgleichungen an die Stelle eines Gleichungssystems partieller Differentialgleichungen.

Massenerhaltung:

$$\frac{d(\overline{\rho u})}{dz} = 0 \tag{4.29}$$

Impulserhaltung:

$$\overline{\rho u}\frac{d\overline{u}}{dz} = -\frac{dp}{dz} + \frac{16}{Re \cdot r_0}\overline{\rho u^2} \tag{4.30}$$

Spezies Massenerhaltung:

$$\overline{\rho u}\frac{d\overline{Y_i}}{dz} = \frac{2}{r_0}\eta F_{\text{cat/geo}} M_i \dot{s}_i \tag{4.31}$$

Energieerhaltung:

$$\overline{\rho u}\frac{d\overline{h}}{dz} = \overline{u}\frac{dp}{dz} + \frac{2k_w}{r_0}(T_w - \overline{T}) \tag{4.32}$$

Hier wird der Wärmeaustausch mit der Wand durch einen empirischen Wärmeübergangskoeffizienten k_w beschrieben, der von der geometrischen Struktur des Kanals und der Strömungsgeschwindigkeit abhängt.

Für den Fall, dass externe Massentransportlimitierungen doch zu berücksichtigen sind, können die Massenbrüche Y_i^{surf} an der Oberfläche durch Lösen zusätzlicher algebraischer Gleichungen gewonnen werden:

$$\beta_i = \frac{\dot{s}_i M_i}{\rho_i^{surf} Y_i^{surf} - \rho_i Y_i} \tag{4.33}$$

Die Stoffübergangskoeffizienten β_i stehen wiederum mit der Sherwoodzahl Sh_i im Zusammenhang, für die empirische Funktionen in Abhängigkeit von der geometrischen Struktur des Kanals verwendet werden:

$$Sh_i = \frac{\beta_i d}{D_i} \tag{4.34}$$

In den obigen Gleichungen sind d der Kanaldurchmesser und D_i der Diffusionskoeffizient. Weiterhin bezeichnen ρ_i^{surf} und Y_i^{surf} die Dichte bzw. den Massenbruch der Spezies i an der Oberfläche, während ρ_i und Y_i die entsprechenden Größen in der fluiden Phase im Reaktor darstellen.

4.4.2.4. Rührkesselkaskade

Die Rührkesselkaskade stellt aus numerischer Sicht eine Diskretisierung des Plug-Flow-Modells dar. In diesem Modell wird das Verhalten eines Strömungsrohrreaktors durch eine ausreichend große Anzahl in Serie geschalteter ideal durchmischter Rührkesselreaktoren wiedergegeben, wobei die Bodensteinzahl Bo des darzustellenden Systems ein Kriterium für die Anzahl der zu verwendenden Rührkesselreaktoren ist. Für große Bodensteinzahlen gilt folgende Beziehung für die Anzahl N an hintereinander geschalteten Rührkesselreaktoren:

4. Grundlagen der mikrokinetischen Modellierung

$$\frac{1}{N} = \frac{2}{Bo} + \frac{8}{Bo^2} \qquad (4.35)$$

Die Bodensteinzahl ist ein Maß für das Verhältnis des konvektiven Stroms zum dispersiven Strom:

$$Bo = \frac{uL}{D_{ax}} \qquad (4.36)$$

Dabei bezeichnet L die Länge des Reaktors und D_{ax} steht für den axialen Dispersionskoeffizienten.

In einer Rührkesselkaskade geben die Ausgangsbedingungen des $(n-1)$-ten Rührkesselreaktors die Eingangsbedingungen des n-ten Rührkesselreaktors vor.

Stoffbilanz des n-ten Rührkesselreaktors:

$$\frac{dn_i}{dt} = \dot{n}_{i,(n-1)} - \dot{n}_{i,n} + A_{cat}\dot{s}_i \qquad (4.37)$$

Energiebilanz des n-ten Rührkesselreaktors:

$$\frac{dH}{dt} = \sum_{i=1}^{N_g} \dot{n}_{i,(n-1)} h_i(T_{(n-1)}) - \sum_{i=1}^{N_g} \dot{n}_{i,n} h_i(T_n) + k_w A_{geo}(T_W - T) \qquad (4.38)$$

mit (aus der Massenerhaltung):

$$\sum_i M_i \dot{n}_{i,(n-1)} = \sum_i M_i \dot{n}_{i,n} \qquad (4.39)$$

4.4.3. Porendiffusion

Da die Edelmetalle in den verwendeten Dieselabgaskatalysatoren in einem porösen Washcoat untergebracht sind und die Reaktanden somit durch ein Porensystem diffundieren müssen, um katalytisch aktive Oberfläche zu erreichen, ist die Bildung von Konzentrationsgradienten innerhalb des Washcoats zu beachten. Dieser Effekt ist besonders stark ausgeprägt, wenn die intrinsische Reaktionsgeschwindigkeit signifikant höher ist als die Diffusionsgeschwindigkeit, weil erstere von den lokalen Gasphasenkonzentrationen der Reaktanden abhängig ist. Aus diesem Grund ist es notwendig, unter Berücksichtigung der Transportlimitierung durch Porendiffusion, die effektive Reaktionsgeschwindigkeit an der Grenzfläche zwischen der festen und der fluiden Phase zu berechnen.

4.4.3.1. Effektivitätskoeffizientenmodell

Hierzu wurde in der vorliegenden Arbeit das Effektivitätskoeffizientenmodell verwendet, welches auf der Annahme beruht, dass eine repräsentative Spezies existiert, die für die Reaktionsgeschwindigkeit maßgebend ist [79–84]. Die Anwendbarkeit dieses stark vereinfachten Modells ist für komplexe Systeme, die konkurrierende Reaktionen, nichtlineare Geschwindigkeitsgesetze und Ablagerungen von Reaktionskomponenten auf der Oberfläche beinhalten sowie für instationäre Bedingungen äußerst eingeschränkt. Allerdings kann das Effektivitätskoeffizientenmodell für die in dieser Arbeit betrachteten Fälle ohne große Einschränkung verwendet werden, da es für die numerische Simulation des CO-Light-Offs in Dieseloxidationskatalysatoren eine adäquate Beschreibung der internen Massentransportlimitierung bereitstellt [10]. Der Vorteil dieses nulldimensionalen Modells liegt in einem signifikant reduzierten Rechenaufwand gegenüber detaillierten Washcoatmodellen. Die für eine Simulation mit dem Effektivitätskoeffizientenmodell benötigte Rechenzeit ist mit derjenigen vergleichbar, die eine Simulation ohne Berücksichtigung von Porendiffusion in Anspruch nimmt. Eine umfassende Evaluation des Effektivitätskoeffizientenmodells sowie komplexerer Diffusionsmodelle wurde von Mladenov et al. vorgnommen [85].

4. Grundlagen der mikrokinetischen Modellierung

Das nulldimensionale Effektivitätskoeffizientenmodell basiert auf der analytischen Lösung einer Reaktions-Diffusions-Gleichung für eine repräsentative Spezies:

$$\frac{\partial j_{i,r}^{W}}{\partial r} - \gamma \dot{s}_i = 0 \tag{4.40}$$

Dabei wird die radiale Diffusionsstromdichte der Spezies i im Washcoat folgendermaßen berechnet:

$$j_{i,r}^{W} = -D_{\text{eff},i}\frac{\partial c_{i,w}}{\partial r} \tag{4.41}$$

Hier bezeichnet γ das Verhältnis der katalytisch aktiven Oberfläche zum Washcoat-Volumen, $c_{i,w}$ die Konzentration der Spezies i im Washcoat und $D_{\text{eff},i}$ den effektiven Diffusionskoeffizienten.

Gleichung 4.40 kann für eine einzelne Spezies analytisch gelöst werden, wenn folgende Bedingungen erfüllt sind:

- Die Spezies wird nach einer Reaktion 1. Ordnung verbraucht: $\dot{s}_i = -kc_i$

- Der Diffusionskoeffizient ist konstant.

- Der Washcoat ist ausreichend dick, sodass Konzentrationsgradienten an der tiefsten Stelle des Washcoats vernachlässigt werden können.

Für die Verwendung des Effektivitätskoeffizientenmodells in dieser Arbeit wird CO als repräsentative Spezies gewählt, für die die Reaktions-Diffusions-Gleichung 4.40 analytisch gelöst wird. Daraus lässt sich der Effektivitätskoeffizient η_i, der als das Verhältnis der effektiven zur maximalen Reaktionsgeschwindigkeit definiert ist, berechnen [82]:

$$\eta_i = \frac{\dot{s}_{\text{eff}}}{\dot{s}_{\text{max}}} = \frac{\tanh(\Phi_i)}{\Phi_i} \tag{4.42}$$

Der Thielemodul Φ_i ist darin folgendermaßen definiert:

$$\Phi_i = L_W \sqrt{\frac{\dot{s}_i \gamma}{D_{\text{eff},i} c_{i,0}}} \qquad (4.43)$$

L_W steht für die Washcoatdicke und $c_{i,0}$ für die Konzentration der Spezies i an der Grenzfläche zwischen der festen und der fluiden Phase. Der Term unter der Wurzel beschreibt das Verhältnis der intrinsischen Reaktionsgeschwindigkeit zum diffusiven Massentransport im porösen Medium.

4.4.3.2. Effektiver Diffusionskoeffizient

Für die Anwendung von Washcoatmodellen werden effektive Diffusionskoeffizienten $D_{\text{eff},i}$ benötigt. Bei der Porendiffusion ist zu beachten, dass die zugänglichen Hohlräume lediglich einen bestimmten Anteil des gesamten Washcoatvolumens ausmachen. Dadurch verringert sich die makroskopisch gemittelte Diffusionsstromdichte um einen Faktor ε_p, der die Porosität bezeichnet und typischerweise Werte zwischen 0,2 und 0,7 aufweist [86]. Außerdem wird der labyrinthartigen Verknüpfung der Poren untereinander sowie ihrer Abweichung von der idealen Zylindergeometrie durch den Labyrinthfaktor $\frac{1}{\tau}$ Rechnung getragen, wobei τ als Tortuositätsfaktor bezeichnet wird und in der Regel einen Wert zwischen 3 und 7 annimmt [86]. In der vorliegenden Arbeit wurde zur Berechnung des effektiven Diffusionskoeffizienten jeweils ein Wert von 0,5 für ε_p und 3 für τ verwendet, was einer üblichen Näherung entspricht [86]. Weitere charakteristische Parameter für die Modellierung des Washcoats sind der durchschnittliche Porendurchmesser d_p, für den ein empirischer Wert von 100 nm angenommen wurde und die Washcoatdicke L_W, die nach lichtmikroskopischen Untersuchungen auf 0,1 mm gesetzt wurde.

Zur Abschätzung von effektiven Diffusionskoeffizienten werden abhängig von der Porengrößenverteilung und dem vorherrschenden Gasdruck unterschiedliche Modelle verwendet:

1. **Molekulare Diffusion**: Ist der Porendurchmesser größer als die mittlere freie Weglänge der Gasphasenspezies, so wird der Massentransport im porösen Medium vor

allem durch Stöße zwischen den Molekülen limitiert und der Diffusionsmechanismus folgt dem Fickschen Gesetz:

$$D_{\text{eff},i} = \frac{\varepsilon_p}{\tau} D_{\text{mol},i}$$

(4.44)

2. **Knudsendiffusion**: Ist der Porendurchmesser kleiner als die mittlere freie Weglänge der Gasphasenspezies, so wird die Diffusion durch Stöße der Moleküle mit den Porenwänden kontrolliert:

$$D_{\text{eff},i} = \frac{\varepsilon_p}{\tau} D_{\text{knud},i} = \frac{\varepsilon_p}{\tau} \frac{d_p}{3} \sqrt{\frac{8RT}{\pi M_i}}$$

(4.45)

3. **Übergangsgebiet von molekularer zu Knudsen-Diffusion**: Liegt die mittlere freie Weglänge in der Größenordnung des Porendurchmessers, so befindet sich das System im Übergangsgebiet zwischen molekularer und Knudsen-Diffusion. Für die im Rahmen dieser Arbeit durchgeführten Simulationen wird über die Bosanquet-Gleichung ein kombinierter Diffusionskoeffizient $\bar{D}_i$ berechnet, um beide Diffusionsvorgänge zu berücksichtigen [79]:

$$\frac{1}{\bar{D}_i} = \frac{1}{D_{\text{mol},i}} + \frac{1}{D_{\text{knud},i}}$$

(4.46)

Für den effektiven Diffusionskoeffizienten ergibt sich analog zu den Gleichungen 4.44 und 4.45:

$$D_{\text{eff},i} = \frac{\varepsilon_p}{\tau} \bar{D}_i$$

(4.47)

5. Dieseloxidationskatalysator

In vorangegangenen wissenschaftlichen Arbeiten konnte gezeigt werden, dass sich die Aktivität eines Modell-DOCs (120 g/ft^3 Pt/γ-Al$_2$O$_3$) im Bezug auf strukturinsensitive Oxidationsreaktionen proportional zur katalytisch aktiven Platinoberfläche verhält, welche durch Chemisorptionsmessungen bestimmt werden kann [87–90]. Dabei wurden Veränderungen in der katalytisch aktiven Oberfläche durch magere hydrothermale Alterung hervorgerufen, wobei ausschließlich die Alterungstemperatur variiert wurde. Außerdem wurde die gefundene Korrelation zwischen katalytischer Aktivität und katalytischer Oberfläche zur Skalierung eines makrokinetischen sowie eines mikrokinetischen Modells verwendet. Bei beiden Modellen ergab diese Skalierung in Fällen geringer Platindispersion jedoch eine Überschätzung der Reaktionsgeschwindigkeit der CO-Oxidation. Insbesondere beim mikrokinetischen Modell führte die Anwendung dieser Korrelation nur in einem eingeschränkten Bereich zu einer guten Übereinstimmung zwischen experimentellen Ergebnissen und Simulation, sodass auch die Annahme der Strukturinsensitivität der Platin-katalysierten CO-Oxidation nicht sicher bestätigt werden konnte.

Im Rahmen der vorliegenden Arbeit sollte überprüft werden, ob die gefundene Korrelation auch für Veränderungen der Platindispersion, die durch andere Alterungsbedingungen verursacht werden, ihre Gültigkeit behält. Um eine breite experimentelle Basis für die Überprüfung der Korrelation zu erhalten, wurden neben der Alterungstemperatur auch die Alterungsdauer sowie die Alterungsatmosphäre variiert. Anhand der experimentellen Ergebnisse wird in Abschnitt 5.5.2 die Möglichkeit einer Struktursensitivität der CO-Oxidation auf Platinnanopartikeln diskutiert. Außerdem wird ein neuer mikrokinetischer Reaktionsmechanismus für die Platin-katalysierte CO-Oxidation vorgeschlagen, der in der Lage ist, den experimentell gefundenen Zusammenhang zwischen katalytischer Aktivität und katalytisch aktiver Oberfläche eines typischen DOCs korrekt zu beschreiben. Weiterhin wurde dieser Reaktionsmechanismus anhand von ortsaufgelösten Konzentrationsprofilen evaluiert.

5.1. Vorgehensweise

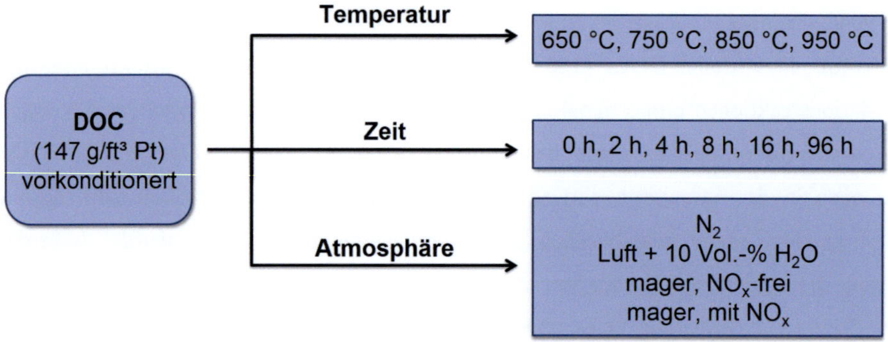

Abb. 5.1.: Verwendete Parameterkombination für die Alterung eines DOCs.

Für die Untersuchungen wurde ein kommerzieller DOC (147 g/ft^3 Pt/Al$_2$O$_3$, 400 cpsi) der Fa. Umicore AG & Co. KG verwendet. Die katalytisch aktive Oberfläche und die katalytische Aktivität des Serien-DOCs wurden nach unterschiedlichen Alterungsbehandlungen untersucht, wobei sowohl Alterungsdauer (0, 2, 4, 8, 16, 96 h) und Alterungsatmosphäre (N_2, Luft + 10 Vol.-% H_2O, simulierte magere Abgasmischung ohne NO_x, simulierte magere Abgasmischung mit NO_x) als auch die Alterungstemperatur (650, 750, 850, 950 °C) variiert wurden (Abb. 5.1). Die genaue Zusammensetzung der mageren Modellabgase ist in Tabelle 5.1 dargestellt. Die Alterungsbehandlungen wurden jeweils mit einer Strömungsgeschwindigkeit von 2,5 L/min bei SATP-Bedingungen (Standard ambient temperature and pressure: 25 °C, 1013 hPa) durchgeführt. Pro Temperatur- und Atmosphärenpaar wurde eine Bohrkernprobe benötigt, deren Dispersion und CO-Light-Off-Temperatur jeweils nach 0, 2, 4, 8, 16 und 96 h Alterungsdauer experimentell ermittelt wurden. Um die Vergleichbarkeit der zu untersuchenden Proben im Frischzustand zu gewährleisten, wurde im Voraus ein Probenscreening durchgeführt. Dazu wurden 3 Cordierit-Monolithen des Serien-DOCs

Bohrkerne von 27 mm Länge und 19 mm Durchmesser entnommen und für 1 h bei 550 °C in 1 Vol.-% CO, 7 Vol.-% CO_2, 10 Vol.-% H_2O, 12 Vol.-% O_2, verdünnt in N_2 bei einer Strömungsgeschwindigkeit von 5 L/min, was einer Raumgeschwindigkeit von 40000 h^{-1} entspricht, vorkonditioniert. Anschließend wurde die CO-Light-Off-Temperatur jeder Probe bestimmt, wobei eine Heizrate von 3 K/min und dieselbe Gaszusammensetzung sowie dieselbe Flussgeschwindigkeit verwendet wurden, die bereits bei der Vorkonditionierung zur Anwendung kamen. So konnten aus insgesamt 36 Bohrkernen 16 Proben mit ähnlicher Anfangsaktivität für die experimentellen Untersuchungen ausgewählt werden.

Komponente	mager ohne NO_x	mager mit NO_x
NO [Vol.-ppm]	0	1000
NO_2 [Vol.-ppm]	0	70
C_3H_6 [Vol.-ppm]	100	100
O_2 [Vol.-%]	12	12
CO [Vol.-%]	0,04	0,04
CO_2 [Vol.-%]	7	7
H_2O [Vol.-%]	10	10
N_2	Rest	Rest

Tab. 5.1.: Gaszusammensetzungen für die beiden mageren Alterungsatmosphären.

Die Entwicklung und Evaluation des mikrokinetischen Modells für die Platin-katalysierte CO-Oxidation erfolgte anhand von numerischen Simulationen der durchgeführten CO-Light-Off-Experimente mit dem Programmpaket DETCHEM (s. Abschnitt 5.3). Außerdem wurden unter stationären Bedingungen axiale Profile für die Gasphasenkonzentrationen von CO und CO_2 während der CO-Oxidation gemessen, anhand derer eine weitere Überprüfung des neu entwickelten Reaktionsmechanismus vorgenommen wurde.

5.2. Experimentelle Durchführung

Die katalytisch aktive Oberfläche, die der Platindispersion entspricht, wurde mittels CO-Chemisorptionsmessungen ermittelt, während die Zündung (Light-Off) der CO-Oxidationsreaktion als Maß für die relative katalytische Aktivität diente. Die Alterungsbehandlungen, Dispersions- und CO-Light-Off-Messungen wurden an derselben Versuchsanlage durchgeführt (Abb. 5.2). Die DOC-Proben wurden in einen Quarzglasrohrreaktor mit einem Innendurchmesser von 21 mm eingesetzt und zur Vermeidung von Gasbypass in Quarzwolle eingewickelt. Zur Einstellung der Volumenströme wurden Massenflussregler (MFC) der Fa. Bronkhorst Mättig GmbH verwendet, für die online-Gasanalyse ein FTIR-Spektrometer (MKS Multigas 2030). Der Reaktor wurde mit einem elektrischen Ofen beheizt, wobei die Steuerung durch Widerstandsheizungen der Fa. Eurotherm und die Temperaturüberwachung mit K-Typ-Thermoelementen erfolgte.

Im Folgenden wird die experimentelle Durchführung der CO-Chemisorptionsmessungen zur Bestimmung der katalytisch aktiven Oberfläche sowie die Durchführung der CO-Light-Off-Messungen, die als Maß für die katalytische Aktivität dienen, beschrieben.

5.2.1. Dispersionsmessungen

Die theoretischen Grundlagen der Chemisorption sind in Abschnitt 3.2 beschrieben. Da der DOC im Gegensatz zum NSC neben Platin keine weiteren CO adsorbierenden Komponenten enthält, ist es möglich, die katalytisch aktive Oberfläche direkt aus der Menge an CO zu bestimmen, die bei einer temperaturprogrammierten Desorption (TPD) frei wird, welche im Anschluss an eine Sättigung des Katalysators mit CO bei Raumtemperatur durchgeführt wird.

Die Platindispersion wurde über eine dynamische Strömungsmethode mittels CO-Chemisorption bestimmt, wobei die Flussrate sowohl bei der Sättigung des Katalysators mit CO als auch während der CO-TPD und der Vorbehandlung 1 L/min bei SATP betrug. Um einen reproduzierbaren Ausgangszustand des Katalysators zu gewährleisten, wurde dieser zunächst für 30 min bei 400 °C mit 5 Vol.-% H_2 in N_2 reduziert. Nach Abkühlen auf Raumtemperatur im N_2-Strom erfolgte die Sättigung des Katalysators mit 5 Vol.-%

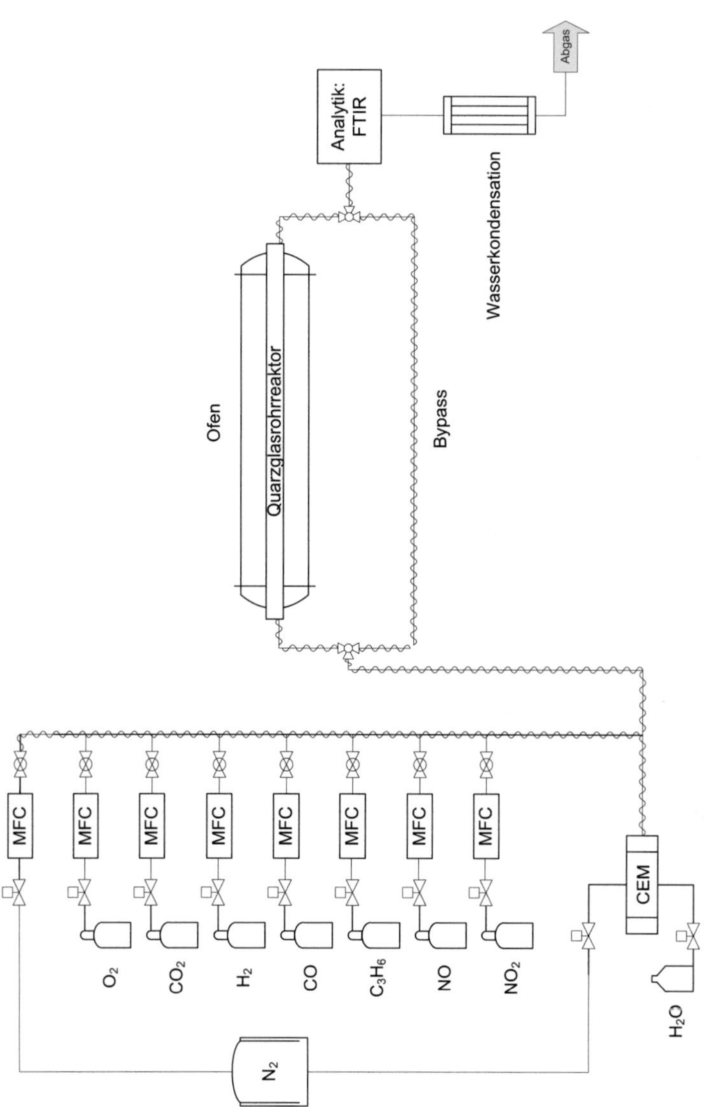

Abb. 5.2.: Vereinfachtes Fließschema der Versuchsanlage für die Alterungsbehandlungen, Dispersions- und CO-Light-Off-Messungen an einem Serien-DOC.

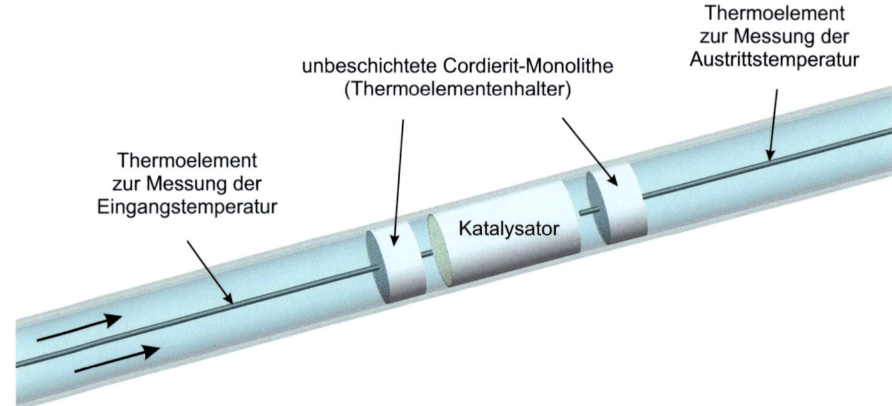

Abb. 5.3.: Skizze des Quarzglasrohrreaktors.

CO in N_2. Zur Entfernung von physisorbiertem CO wurde der Reaktor anschließend für 30 min mit N_2 gespült. Schließlich erfolgte die CO-TPD mit einer linearen Temperaturrampe von 30 K/min von Raumtemperatur bis 823 K. Es wurde eine hohe Heizrate gewählt, um scharfe Desorptionspeaks und somit ein gutes Signal/Rausch-Verhältnis zu erhalten. Die Konzentrationen von CO und CO_2 am Reaktorausgang wurden mittels Fourier-Transformations-Infrarot-Spektroskopie (FTIR) verfolgt. Um anlagentechnische Einflüsse auszuschließen, wurden zur Bestimmung der Grundlinie Leerrohrmessungen durchgeführt, bei denen dieselbe Vorgehensweise angewendet wurde. Alle Messergebnisse wurden durch Reproduktionsmessungen überprüft. Die vom Katalysator adsorbierte Stoffmenge an CO entspricht der Summe der desorbierten Stoffmengen an CO und CO_2, die durch Integration der Messsignale über die Zeit erhalten werden [91]. Obwohl die durchschnittliche CO:Pt Adsorptionsstöchiometrie im Allgemeinen zwischen 1:1 und 1:2 liegt, da CO abhängig von Temperatur, Druck und der Art der Adsorptionsplätze unterschiedliche Adsorbatspezies bildet, wird zur Berechnung der Platindispersion üblicherweise eine Stöchiometrie von 1:1 angenommen (s. Abschnitt 3.2) [92]. Aus Gründen der Vergleichbarkeit, wurde in dieser wissenschaftlichen Arbeit dieselbe Annahme getroffen.

5.2.2. CO-Light-Off-Messungen

CO-Light-Off-Messungen wurden mit 1 Vol.-% CO, 7 Vol.-% CO_2, 10 Vol.-% H_2O, 12 Vol.-% O_2 in N_2 und einer Strömungsgeschwindigkeit von 5 L/min (40000 h^{-1} GHSV) bei SATP durchgeführt. Als Maß für die katalytische Aktivität diente die Temperatur, bei der 50 % des dosierten CO zu CO_2 umgesetzt wurde. Im Folgenden wird sie als CO-Light-Off-Temperatur oder T_{50} bezeichnet. Zur Temperaturüberwachung dienten K-Typ-Thermoelemente am Katalysatoreingang und am Katalysatorausgang. Um eine hohe Genauigkeit bei der Ermittlung der Light-Off-Temperatur zu gewährleisten, wurde eine geringe Aufheizrate von 3 K/min gewählt. Alle Messergebnisse konnten reproduziert werden.

5.2.3. Axiale Konzentrationsprofile

Für die Katalysatorprobe, die für 96 h bei 650 °C im NO_x-enthaltenden mageren Modellabgas gealtert worden ist und eine mittlere Platindispersion aufweist, wurden während CO-Oxidation bei Vollumsatz zusätzlich axiale Profile für die Gasphasenkonzentrationen von CO und CO_2 gemessen. Dafür wurde dieselbe Gasmischung sowie dieselbe Strömungsgeschwindigkeit wie bei den CO-Light-Off-Messungen verwendet (s. Abschnitt 5.2.2). Die Temperatur am Reaktoreingang betrug 508 K.

Der experimentelle Aufbau ist der Versuchsanlage ähnlich, die bei den Alterungsbehandlungen, Dispersionsbestimmungen und CO-Light-Off-Messungen der Katalysatoren zur Anwendung kam. Für die in situ-Messung der axialen Konzentrationsprofile wurde eine deaktivierte Quarzglaskapillare mit einem Außendurchmesser von 170 μm in den zentralen Kanal der monolithischen Katalysatorprobe eingebracht, durch den mittels einer Pumpe ein konstanter Gasstrom vom 2 mL/min gesaugt wurde. Die axiale Position der Probenentnahme entlang des Kanals wurde mit Hilfe eines motorisierten Präzisions-Lineartisches eingestellt, der entgegen der Strömungsrichtung bewegt wurde [93, 94].

Zweck der Messung ist die Überprüfung des neu entwickelten mikrokinetischen Modells für die Platin-katalysierte CO-Oxidation am DOC (Abschnitt 5.4).

5.3. Numerische Simulation mit DETCHEM

Im Rahmen dieser Arbeit werden numerische Simulationen reaktiver Strömungen mit dem in FORTRAN programmierten Softwarepaket DETCHEM (Detailed Chemistry) durchgeführt, in welchem die in Abschnitt 4.4 beschriebenen Modelle implementiert sind [71]. Die Grundlage von DETCHEM bilden Routinen zur Berechnung der Reaktionsgeschwindigkeiten von Oberflächen- und Gasphasenreaktionen sowie der Transportkoeffizienten [66]. Diese können in übergeordnete Programme zur Strömungssimulation eingebunden werden, wobei mehrere unterschiedliche Modelle zur Verfügung stehen. Die für die numerische Simulation benötigten kinetischen und thermodynamischen Parameter sowie die atomare Zusammensetzung einzelner Spezies werden aus Datenbanken eingelesen.

Für die Modellierung der CO-Light-Off-Experimente wurde der DETCHEM^{CSTR}-Code verwendet, der vollständig transiente Simulationen auf Basis des Modells des kontinuierlichen Rührkesselreaktors ermöglicht. Zur numerischen Darstellung eines eindimensionalen Strömungsrohrreaktors wird dabei eine Kaskade aus 100 kontinuierlichen Rührkesselreaktoren verwendet. Eine detailliertere Beschreibung dieses Reaktormodells findet sich in Abschnitt 4.4.2.4.

Für die numerische Simulation der CO-Oxidation unter stationären Bedingungen wurde das Programm DETCHEM^{CHANNEL} verwendet, in dem zur detaillierten Beschreibung des Strömungsfeldes zweidimensionale Boundary-Layer-Gleichungen implementiert sind (s. Abschnitt 4.4.2.2).

5.4. Mechanismusentwicklung

Im Rahmen der vorliegenden Arbeit wurde für die numerische Simulation der CO-Oxidation über Pt/Al_2O_3-basierte DOCs ein Reaktionsmechanismus entwickelt, der in Tabelle 5.2 aufgeführt ist. Der Mechanismus beinhaltet zwei mögliche Reaktionspfade für die Bildung von CO_2, die beide über einen Langmuir-Hinshelwood-Mechanismus verlaufen. Der eine Weg beschreibt die CO_2-Bildung über die Reaktion von linear adsorbiertem

Kohlenstoffmonoxid CO(Pt) mit atomar adsorbiertem Sauerstoff O(Pt) und repräsentiert den aktuell allgemein akzeptierten Reaktionspfad für die Platin-katalysierte CO-Oxidation, während die alternative Route, die über die Reaktion von CO(Pt) mit einer molekular adsorbierten Sauerstoffspezies O_2(Pt) führt, auf einem kürzlich von Allian et al. [95] vorgeschlagenen Reaktionsschema basiert. Der Reaktionsmechanismus enthält Elementarreaktionen für die molekulare Adsorption von CO, CO_2 und O_2 auf Platin, die Dissoziation von molekular adsorbiertem O_2(Pt), Reaktionen zwischen den Oberflächenspezies CO(Pt) und O(Pt) sowie CO(Pt) und O_2(Pt) und für die Desorption von CO(Pt), O_2(Pt) und CO_2(Pt) in die Gasphase. Jede einzelne dieser Elementarreaktionen wird als reversibel betrachtet. Bisher veröffentlichte mikrokinetische Modelle beruhen auf der Annahme, dass die Dissoziation von molekular adsorbiertem Sauerstoff O_2(Pt) deutlich schneller verläuft als die Oberflächenreaktionen und berücksichtigen ausschließlich den Weg der CO_2-Bildung über die Reaktion von CO(Pt) mit O(Pt) [67, 96–98]. Jedoch ergab eine neulich durchgeführte kinetisch Analyse von Allian et al. für die Platin-katalysierte CO-Oxidationsreaktion jeweils eine Reaktionsordnung von 1 und -1 bezüglich O_2 und CO [95]. Diese Beobachtung steht im Widerspruch mit der Annahme einer Quasistationarität für die dissoziative O_2-Adsorption, welche eine Reaktionsordnung von 0,5 bezüglich O_2 ergeben würde. Daher wurde im Oberflächenreaktionsmechanismus in dieser Arbeit zusätzlich die direkte Reaktion von CO(Pt) mit der molekular adsorbierten Sauerstoffspezies O_2(Pt) berücksichtigt, die kinetisch äquivalent ist zu der von Allian et al. vorgeschlagenen Bildung eines O(Pt)-O-C(Pt)=O-Übergangszustandes über die Reaktion von O_2 aus der Gasphase mit (Pt)-CO(Pt)-Oberflächenplatzpaaren [95].

Die kinetischen Parameter des Modells basieren auf Literaturwerten. Parameter für die Anfangshaftkoeffizienten, präexponentiellen Faktoren und Aktivierungsenergien für die Sauerstoff-Adsorption, -Desorption, -Dissoziation und -Assoziation beruhen auf Werten, die von Kissel-Osterrieder et al. [99] und Elg et al. [100] veröffentlicht worden sind. Kinetische Parameter, die für die CO-Adsorption sowie die CO_2-Desorption und die Oberflächenreaktion von adsorbiertem CO(Pt) mit O(Pt) verwendet werden, bauen auf einer Veröffentlichung von Koop et al. [97] auf. Modellparameter für die CO_2-Adsorption, CO_2-Dissoziation als auch Parameter für die Bedeckungsabhängigkeit der Aktivierungs-

Reaktion			A [mol, cm, s] / S^0	β	$E_a \left[\frac{kJ}{mol}\right]$
$O_2 + (Pt)$	$\longrightarrow$	$O_2(Pt)$	$5,000 \cdot 10^{-2}$		$0,00$
$O_2(Pt)$	$\longrightarrow$	$O_2 + (Pt)$	$5,243 \cdot 10^{11}$	$-0,069$	$19,573$
$O_2(Pt) + (Pt)$	$\longrightarrow$	$O(Pt) + O(Pt)$	$8,325 \cdot 10^{18}$		$39,933$
$O(Pt) + O(Pt)$	$\longrightarrow$	$O_2(Pt) + (Pt)$	$4,444 \cdot 10^{21}$		$264,067$
					$-88,2 \cdot \Theta_O$
$CO + (Pt)$	$\longrightarrow$	$CO(Pt)$	$8,400 \cdot 10^{-1}$		$0,00$
$CO(Pt)$	$\longrightarrow$	$CO + (Pt)$	$7,635 \cdot 10^{12}$	$-0,139$	$143,145$
					$-29,3 \cdot \Theta_{CO}$
$CO_2 + (Pt)$	$\longrightarrow$	$CO_2(Pt)$	$3,193 \cdot 10^{-3}$	$-0,035$	$2,686$
$CO_2(Pt)$	$\longrightarrow$	$CO_2 + (Pt)$	$1,894 \cdot 10^{10}$	$0,139$	$21,855$
$CO(Pt) + O_2(Pt)$	$\longrightarrow$	$CO_2(Pt) + O(Pt)$	$4,124 \cdot 10^{18}$	$0,069$	$9,494$
					$+44,1 \cdot \Theta_O$
$CO_2(Pt) + O(Pt)$	$\longrightarrow$	$CO(Pt) + O_2(Pt)$	$2,910 \cdot 10^{23}$	$-0,069$	$272,506$
					$+29,3 \cdot \Theta_{CO}$
$CO(Pt) + O(Pt)$	$\longrightarrow$	$CO_2(Pt) + (Pt)$	$4,764 \cdot 10^{18}$	$0,069$	$101,361$
					$-29,3 \cdot \Theta_{CO}$
$CO_2(Pt) + (Pt)$	$\longrightarrow$	$CO(Pt) + O(Pt)$	$6,297 \cdot 10^{20}$	$-0,069$	$140,239$
					$+44,1 \cdot \Theta_O$

Tab. 5.2.: Vorgeschlagener mikrokinetischer Reaktionsmechanismus für die Platin-katalysierte CO-Oxidation.

energien der elementaren Reaktionsschritte basieren auf vorangegangenen Arbeiten von Kahle [96]. Die Aktivierungsenergie der CO_2-Bildung über die Reaktion von $CO(Pt)$ mit molekular adsorbiertem Sauerstoff $O_2(Pt)$ stammt von Allian et al., ermittelt mittels DFT-Rechnungen für die Bildung des $O(Pt)$-O-$C(Pt)$=O-Übergangszustandes [95].

Aus dem in Abb. 5.4 dargestellten Energiediagramm ist zu erkennen, dass die jeweiligen Aktivierungsenergien der beiden möglichen Reaktionspfade eine starke Abhängigkeit von der Oberflächenbedeckung aufweisen. Im Falle einer $O(Pt)$-bedeckten Platinoberfläche

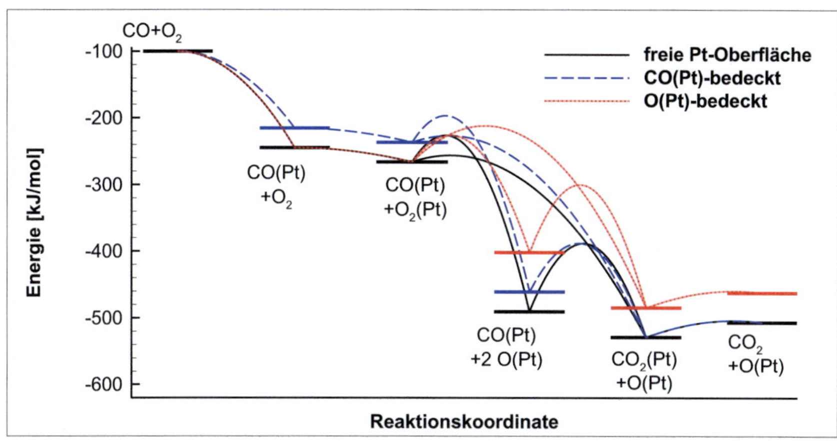

Abb. 5.4.: Energiediagramm für die Elementarreaktionen des vorgeschlagenen mikrokinetischen Modells für die Platin-katalysierte CO-Oxidation in einem DOC.

ist die Aktivierungsenergie für den Mechanismus der CO_2-Bildung über die Reaktion von CO(Pt) mit dissoziativ adsorbiertem Sauerstoff O(Pt) niedriger. Die direkte Reaktion von CO(Pt) mit O_2(Pt) ist hingegen bei CO(Pt)-bedeckter sowie freier Platinoberfläche energetisch bevorzugt. Da es weithin anerkannt ist, dass die CO-Oxidation bei niedrigen Temperaturen, wie sie in Dieselabgasen vorherrschen, auf einer CO(Pt)-bedeckten Platinoberfläche abläuft, ist die Berücksichtigung dieses Reaktionspfades für die numerische Simulation der Umsetzung von CO in Autoabgaskatalysatoren von großer Bedeutung [30].

5.5. Experimentelle Ergebnisse

5.5.1. Alterungskorrelation

Die durchschnittliche Platindispersion der frischen Katalysatorproben, die durch CO-Chemisorption ermittelt wurde, betrug 9 %. Die durchschnittlich gemessene Temperatur, bei der 50 % des dosierten CO in den Light-Off-Versuchen umgesetzt wurde, war 444 K am Katalysatoreingang und 458 K am Katalysatorausgang. Im Folgenden wird hauptsächlich auf die Temperatur am Katalysatorausgang eingegangen, da sie der Temperatur entspricht, die im Katalysatorinneren vorherrscht. Jedoch gelten die beobachteten Korrelationen gleichermaßen für die Eingangstemperatur (s. Abbildungen 5.8 und 5.10).

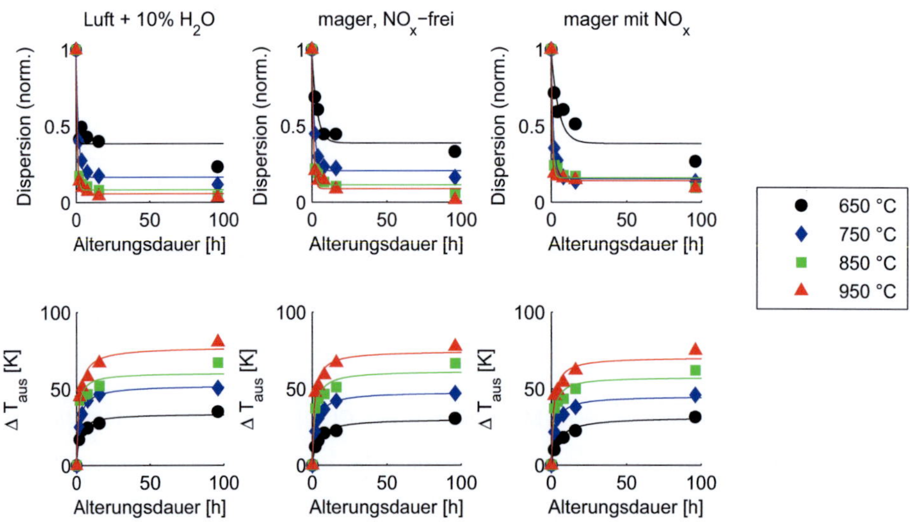

Abb. 5.5.: Dispersionsabnahme (oben) und Zunahme der CO-Light-Off-Temperatur (unten), gemessen am Katalysatoraustritt, des Serien-DOCs mit der Alterungsdauer.

Für alle untersuchten mageren Alterungsatmosphären ist die Veränderung der Platindispersion und der CO-Light-Off-Temperatur mit der Alterungsdauer und der Alterungstemperatur jeweils in den Abbildungen 5.5 und 5.6 dargestellt. Da die frischen Proben leicht unterschiedliche Werte aufweisen, wurden die Dispersionswerte der gealterten Proben für diese Darstellung jeweils auf den Wert der frischen Probe normiert, um eine bessere Vergleichbarkeit zu gewährleisten. Ebenso wurde für die CO-Light-Off-Versuche jeweils die Differenz zwischen der Light-Off-Temperatur der gealterten und der Light-Off-Temperatur der frischen Probe aufgetragen.

Normierung der Dispersion:

$$D(\text{norm.}) = \frac{D(x)}{D(0)}$$

CO-Light-Off-Temperatur:

$$\Delta T_{50} = T_{50}(x) - T_{50}(0)$$

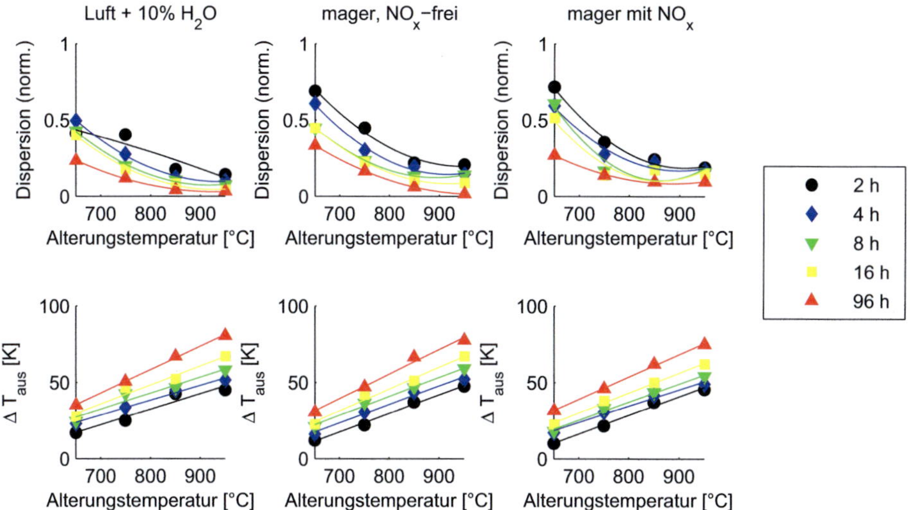

Abb. 5.6.: Veränderung der Edelmetalldispersion und der CO-Light-Off-Temperatur des Serien-DOCs in Abhängigkeit von der Alterungstemperatur.

Den Erwartungen entsprechend nimmt die Platindispersion mit zunehmender Alterungstemperatur und -dauer ab, während gleichzeitig eine Verschiebung der Zündung der CO-Oxidationsreaktion zu höheren Temperaturen zu verzeichnen ist. Die experimentellen Ergebnisse zeigen deutlich, dass sowohl die Veränderung der katalytisch aktiven Oberfläche als auch die der CO-Light-Off-Temperatur und somit der katalytischen Aktivität in den ersten Stunden der Alterung am stärksten ausgeprägt ist. Außerdem ist zu beobachten, dass höhere Alterungstemperaturen zu einer beschleunigten Katalysatordeaktivierung und einem früheren Einsetzen der Abflachung der Veränderungen führen.

Bei allen drei untersuchten sauerstoffreichen Alterungsatmosphären sind ähnliche Trends zu verzeichnen. Es konnte festgestellt werden, dass die Zunahme der CO-Light-Off-

5. Dieseloxidationskatalysator

Temperatur mit der Alterungsdauer durch eine gebrochen-rationale Funktion beschrieben werden kann, wohingegen die Edelmetalldispersion näherungsweise exponentiell über die Zeit abnimmt. Die Dispersion der Platinpartikel läuft also vor allem in den ersten Stunden der Alterung ab und erreicht für lange Alterungsdauern einen nahezu konstanten Wert, der sowohl von der Alterungstemperatur als auch von der Alterungsatmosphäre abhängig ist. Dabei ist die thermische Partikelsinterung erwartungsgemäß bei höheren Temperaturen stärker ausgeprägt. Die Abnahme der katalytisch aktiven Oberfläche mit zunehmender Alterungstemperatur lässt sich durch ein Polynom zweiten Grades beschreiben. Weiterhin wurde eine lineare Zunahme der Zündtemperatur für die CO-Oxidationsreaktion mit der Alterungstemperatur beobachtet, die auf eine lineare Abnahme der katalytischen Aktivität deutet. Aus Abb. 5.6 ist zu erkennen, dass der Einfluss der Alterungstemperatur bei sehr langer Alterungsdauer zunimmt. So ist der Anstieg der CO-Light-Off-Temperatur mit der Alterungsdauer für die 96-stündigen Alterungsbehandlungen steiler als für kürzere Alterungszeiten.

Trotz der ähnlichen Trends für alle untersuchten mageren Alterungsatmosphären, sind abhängig von der genauen Gaszusammensetzung leicht unterschiedliche Auswirkungen zu erkennen. So zeigen die experimentellen Ergebnisse, dass die Sinterung der Platinpartikel für diejenigen Proben am stärksten ausgeprägt ist, die in Luft $+$ 10 Vol.-% H_2O gealtert worden sind, gefolgt von der Alterung in NO_x-freier magerer Atmosphäre, wohingegen die Anwesenheit von NO_x das Partikelwachstum zu inhibieren scheint. Dieselbe Reihenfolge wurde für die Verminderung der katalytischen Aktivität gegenüber der CO-Oxidation beobachtet. In Luft $+$ 10 Vol.-% H_2O läuft sie am schnellsten ab, wohingegen Alterungsbehandlungen im mageren, NO_x-enthaltenden Modellabgas bei gleicher Alterungsdauer und Alterungstemperatur jeweils zu geringfügig niedrigeren Light-Off-Temperaturen führen.

In den Abbildungen 5.7 und 5.8 sind für die im Rahmen dieser Arbeit verwendeten sauerstoffreichen Alterungsatmosphären jeweils die Abhängigkeit der Dispersion und des Anstiegs der CO-Light-Off-Temperatur von der Alterungsdauer und der Alterungstemperatur zusammengefasst, wobei die Punkte Messergebnisse darstellen, während die Oberflächen die entsprechenden Näherungsfunktionen wiedergeben.

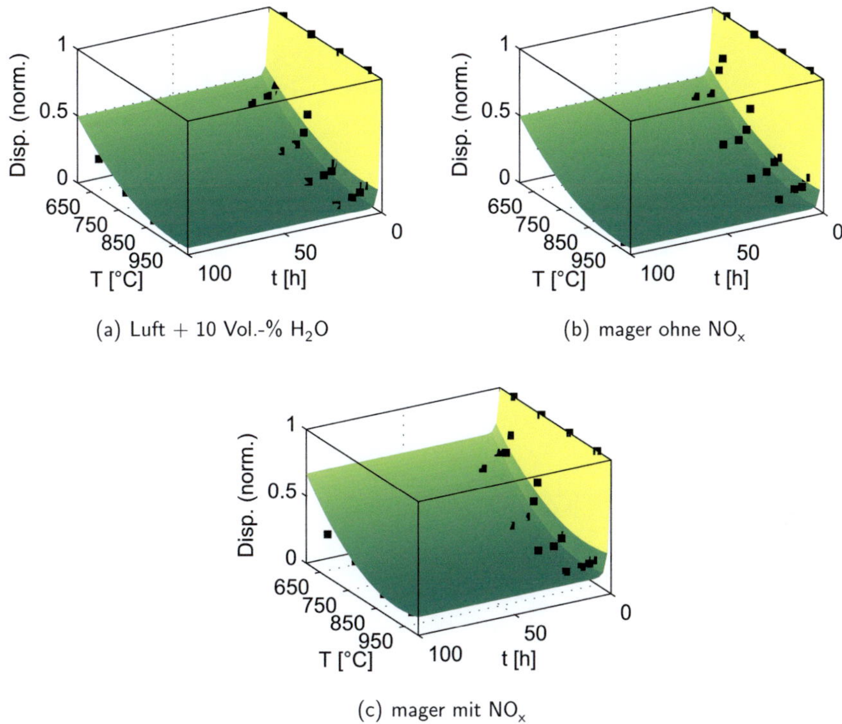

(a) Luft + 10 Vol.-% H_2O (b) mager ohne NO_x

(c) mager mit NO_x

Abb. 5.7.: Abhängigkeit der Pt-Dispersion von der Alterungdauer und der Alterungstemperatur (Messpunkte und Näherungsfunktionen).

$$\text{Dispersion}(t, T) = \alpha(T) + [1 - \alpha(T)]\, e^{-d_1 t} \tag{5.1}$$

$$\alpha(T) = a_1 + b_1 T + c_1 T^2 \tag{5.2}$$

$$\Delta T_{50}(t, T) = \frac{\beta(T)t}{1 + c_2 t} \tag{5.3}$$

$$\beta(T) = a_2 + b_2 T \tag{5.4}$$

Für alle untersuchten mageren Alterungsatmosphären konnte eine eindeutige Korrelation zwischen katalytischer Aktivität und katalytisch aktiver Oberfläche festgestellt werden. Sie

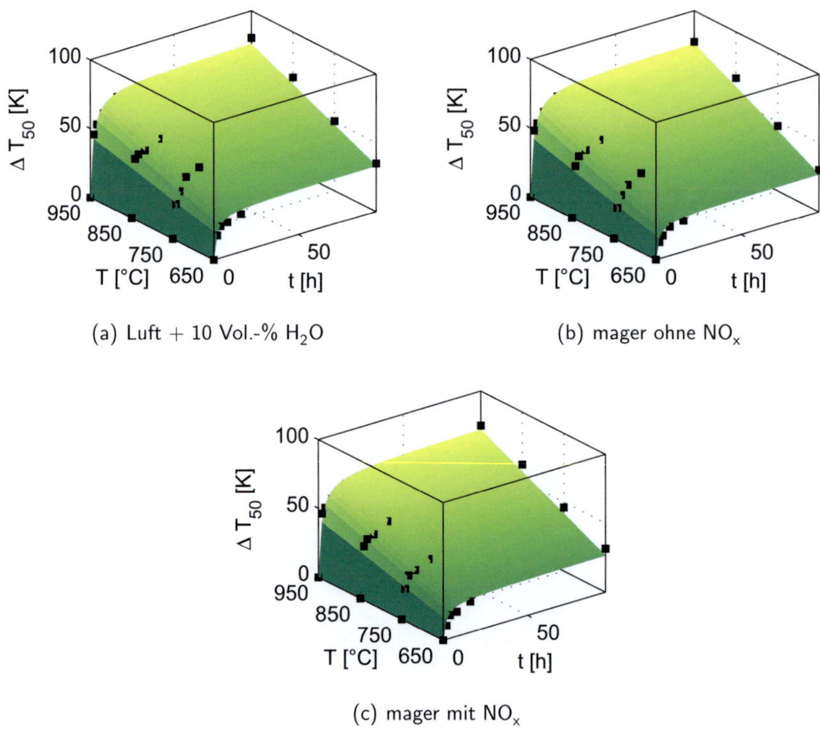

Abb. 5.8.: Abhängigkeit der Erhöhung der CO-Light-Off-Temperatur von der Alterungdauer und der Alterungstemperatur (Messpunkte und Näherungsfunktionen).

weist unabhängig von der Alterungstemperatur, der Alterungsdauer und der exakten Zusammensetzung der sauerstoffreichen Alterungsatmosphäre denselben Trend auf und zeigt einen annähernd exponentiellen Anstieg der CO-Light-Off-Temperatur mit abnehmender Dispersion (Abb. 5.8).

Für den Zusammenhang der beiden charakteristischen Größen sind nur kleine Unterschiede zwischen den verschiedenen mageren Alterungsatmosphären zu verzeichnen, insbesondere im Bereich starker Alterung. In Abb. 5.10 ist zu erkennen, dass die Dispersionsabnahme bei Alterung in den beiden synthetischen mageren Abgasmischungen zwar schwächer ausgeprägt ist als bei der Alterung in Luft + 10 Vol.-% H$_2$O, jedoch ist bereits bei einer

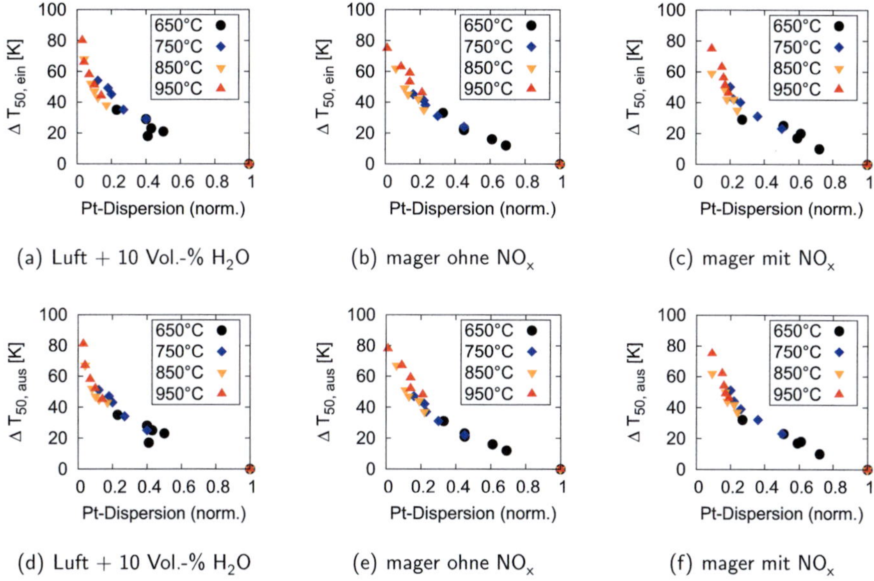

Abb. 5.9.: Korrelation zwischen CO-Light-Off-Temperatur und Edelmetalldispersion, Vergleich der Alterungstemperaturen.

relativ hohen Edelmetalldispersion eine starke Zunahme der CO-Light-Off-Temperatur zu beobachten. Besonders für die Alterung in Anwesenheit von NO_x spricht die katalytische Aktivtät gegenüber der CO-Oxidation im Bereich starker Alterung sehr sensibel auf minimale Änderungen in der Dispersion an. So sind bei identischer katalytisch aktiver Oberfläche höhere Temperaturen für die CO-Oxidation an den Katalysatoren erforderlich, die in den beiden synthetischen mageren Abgasmischungen gealtert worden sind, als für die in Luft + 10 Vol.-% H_2O behandelten Proben.

In einer kürzlich veröffentlichten wissenschaftlichen Untersuchung berichteten Matam et al. von der Abhängigkeit der Partikelmorphologie eines Pt/Al_2O_3-Modellkatalysators von der Alterungsatmosphäre [101]. In Übereinstimmung mit den experimentellen Ergebnissen der vorliegenden Arbeit wurde für die Alterungsbehandlung in Luft eine stärker ausgeprägte Partikelsinterung beobachtet als für die Alterung in einem simulierten mageren Dieselabgas. Außerdem konnten mittels HR-TEM Alterungsatmosphären-abhängige Unterschiede in der Partikelmorphologie identifiziert werden, die im Falle einer struktursensitiven Reaktion eine potenzielle Erklärung für die geringfügig unterschiedlichen Korrelationen zwischen katalytischer Aktivität und katalytisch aktiver Oberfläche darstellen. Die Möglichkeit der Struktursensitivität der Platin-katalysierten CO-Oxidationsreaktion wird in Abschnitt 5.5.2 diskutiert.

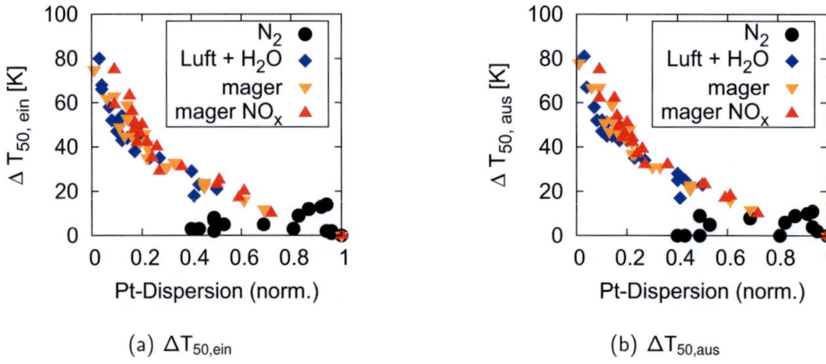

(a) $\Delta T_{50,ein}$

(b) $\Delta T_{50,aus}$

Abb. 5.10.: Korrelation zwischen CO-Light-Off-Temperatur und Edelmetalldispersion, Vergleich der Alterungsatmosphären.

Alterungsbehandlungen in N_2-Atmosphäre resultieren hingegen in einem auffallend unterschiedlichen Verhalten. Zum einen ist in diesem Fall festzuhalten, dass der Alterungseffekt deutlich schwächer ausgeprägt ist, zum anderen fällt der Einfluss der Edelmetalldispersion auf die katalytische Aktivität entscheidend kleiner aus. So ist selbst nach Halbierung der Dispersion keine bemerkenswerte Veränderung der katalytischen Aktivität zu verzeichnen. Auch konnte kein eindeutiger Zusammenhang zwischen diesen beiden Messgrößen beobachtet werden. Daher liegt die Vermutung nahe, dass der Mechanismus der Edelmetallsinterung vom Sauerstoffgehalt der Alterungsatmosphäre abhängt, wobei die Abwesenheit von Sauerstoff zu einer Partikelgrößenverteilung führt, die für die katalytische Aktivität gegenüber der CO-Oxidation günstiger ist als die Partikelmorphologie, die aus Alterungsbehandlungen in magerer Atmosphäre resultiert. Im folgenden Abschnitt wird näher auf diese Vermutung eingegangen.

5.5.2. Struktursensitivität und Sinterungsmechanismus

Obwohl die Platindispersion nach 16 h Alterung bei 850 °C in N_2 auf 40 % des ursprünglichen Wertes gesunken ist, hat sich die CO-Light-Off-Temperatur der gealterten Probe unerwarteterweise gegenüber der Temperatur des frischen Katalysators nicht verändert. Im Gegensatz dazu führte eine vierstündige Alterung des Katalysators bei 750 °C im NO_x-freien mageren Modellabgas zwar zu einer ähnlichen Dispersion, jedoch wurde damit einhergehend ein Anstieg der Zündtemperatur für die CO-Oxidationsreaktion um 30 K beobachtet.

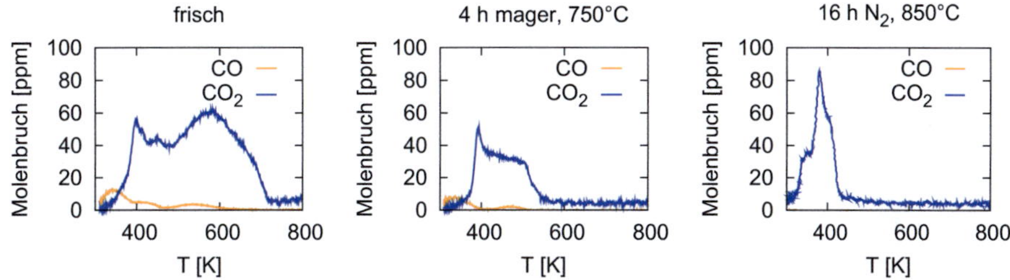

Abb. 5.11.: TPD-Spektren einer frischen Katalysatorprobe mit einer Platindispersion von 9,1 % (links), einer für 4 h bei 750 °C im NO_x-freien mageren Modellabgas gealterten Probe mit einer Dispersion von 3,2 % (Mitte) und einer für 16 h bei 850 °C in N_2 gealterten Probe mit einer Dispersion von 3,3 % (rechts).

Die TPD-Spektren aus den CO-Chemisorptionsmessungen der beiden gealterten Katalysatorproben sowie eines frischen Katalysators sind in Abb. 5.11 dargestellt. Es ist zu erkennen, dass der frische Katalysator einen sehr breiten Temperaturbereich aufweist, in dem die Desorption von CO bzw. CO_2 stattfindet. Dies weist auf die Anwesenheit einer großen Varianz an Adsorptionsplätzen mit unterschiedlichen CO-Adsorptionsenergien hin. Aufgrund der Überlappung der Desorptionspeaks ist die Identifikation einzelner Adsorptionsplätze nicht möglich. Bei einer genaueren Betrachtung der TPD-Spektren werden trotz einer ähnlich hohen Platindispersion signifikante Unterschiede im CO-Desorptionsverhalten der beiden gealterten Proben deutlich. Für die Probe, die einer vierstündigen Alterungsbehandlung bei 750 °C in magerer Atmosphäre unterzogen wurde, sind die Desorptionssignale über 600 K verschwunden. Die für 16 h bei 850 °C in N_2 gealterte Probe weist einen noch schmäleren Temperaturbereich für die CO-Desorption auf, der bei 380 K ein absolutes Maximum erreicht. Die Desorption setzt im Vergleich zur frischen und zur mager gealterten Probe bei niedrigeren Temperaturen ein und ist bei 450 K bereits abgeschlossen. Die niedrigere Desorptionstemperatur impliziert, dass CO in der in N_2 gealterten Katalysatorprobe nur schwach an der Platinoberfläche gebunden ist.

In der Literatur wurden Desorptionssignale mit einem Temperaturmaximum um die 400 K der CO-Desorption von Adsorptionsplätzen auf Terrassen zugeordnet, da sie auf hochindizierten Flächen und großen Platinpartikeln dominant waren, während hohe Desorptionstemperaturen bei kleineren Platinpartikeln beobachtet worden sind und der Desorption von Stufen, Ecken und Kanten zugeschrieben wurden [102–105]. Daher liegt die Vermutung nahe, dass die Katalysatoralterung in N_2 einen anderen Mechanismus der Platinpartikelsinterung hervorruft als Alterungsbehandlungen unter mageren Bedingungen und dieser Sinterungsmechanismus zu einer unterschiedlichen Partikelgrößenverteilung führt, die für die Platin-katalysierte CO-Oxidation vorteilhafter ist. Eine derartige Struktursensitivität der CO-Oxidation auf Platinoberflächen ist bereits in einigen Arbeiten beobachtet worden [30]. So berichteten Szabo et al., dass die CO-Oxidation bevorzugt auf den Terrassenplätzen einer gestuften Pt(112)-Oberfläche abläuft und stellten die Vermutung auf, dass der elementare Reaktionsschritt der CO_2-Bildung aus adsorbiertem CO und Sauerstoff struktursensitiv ist, wobei die Aktivierungsenergie auf Terrassenplätzen geringer ist [103]. Bei der Untersuchung der CO-Oxidation auf Pt/α-Al$_2$O$_3$(0001) beobachteten Zafiris und Gorte höhere Wechselzahlen und eine niedrigere Aktivierungsenergie für die CO-Oxidation auf 14 nm großen Platinpartikeln als auf Partikeln mit einem Durchmesser von 1,7 nm [105]. Als mögliche Ursache für die beobachtete Struktursensitivität schlugen die Autoren Veränderungen in der Desorptionskinetik von CO in Abhängigkeit von der Partikelgröße vor. Da Desorptionspeaks bei niedrigen Temperaturen um die 400 K ausschließlich bei hohen Oberflächenbedeckungsgraden auftreten und mit Ausnahme der kleinsten Platinpartikel für alle Partikelgrößen beobachtet worden sind, wird weiterhin vermutet, dass sie durch repulsive Adsorbat-Adsorbat-Wechselwirkungen hervorgerufen werden. Dabei wird angenommen, dass der Krümmungsradius sehr kleiner Partikel ausreichend klein ist, um repulsive Wechselwirkungen auf ein Minimum zu beschränken.

Diese Beobachtungen stimmen mit den experimentellen Ergebnissen der vorliegenden Arbeit überein. Die beträchtliche Verschiebung des Desorptionsmaximums für die CO-TPD der in N_2 gealterten Probe zu niedrigeren Temperaturen indiziert eine Zunahme der Partikelgröße auf eine Weise, die den Verlust an Edelmetalldispersion durch eine erhöhte Wechselzahl für die CO-Oxidation kompensiert. Im Gegensatz dazu, sind auf der frischen und auf der mager gealterten Katalysatorprobe kleine Platinpartikel vorhanden, die zu einer relativ hohen Dispersion beitragen, jedoch aufgrund der Vergiftung der Platinoberfläche durch stark adsorbierte CO-Spezies geringe Wechselzahlen aufweisen.

Es kann ausgeschlossen werden, dass die Ursache für das unerwartete Verhalten der in N_2 gealterten Katalysatorproben in einem Fehler bei den Dispersionsmessungen liegt, der durch eine mögliche Veränderung der CO:Pt Adsorptionsstöchiometrie in Abhängigkeit von den Alterungsbedingungen hervorgerufen wird. Falls angenommen wird, dass die Platindispersion in Übereinstimmung mit der gleichbleibenden CO-Light-Off-Temperatur nicht durch die Alterungsbehandlungen beeinträchtigt worden ist, bedeutet dies für die CO:Pt Adsorptionsstöchiometrie, dass sie sich von 1:1 für den frischen Katalysator zu einer Stöchiometrie zwischen 1:2 und 1:3 für den gealterten Katalysator geändert hätte, was einer Änderung der adsorbierten CO-Spezies von linear zu verbrückt und überdacht oder einer dissoziativen Adsorption entsprechen würde. Jedoch stünden in diesem Fall die höheren Adsorptionsenergien der verbrückten und überdachten CO-Oberflächenspezies im Widerspruch zur beobachteten Abnahme der durchschnittlichen Desorptionstemperatur infolge der Alterung.

Außerdem kann der potenzielle Einfluss des Washcoats vernachlässigt werden, da Altman et al. zeigen konnten, dass die CO-Desorption nicht von der Struktur des Al_2O_3-Trägers abhängig ist [102].

Die experimentellen Ergebnisse weisen darauf hin, dass der Mechanismus, nach dem die Partikelsinterung verläuft, vom Sauerstoffgehalt der Alterungsatmosphäre abhängt. Der Sinterungsmechanismus von Platin-Nanopartikeln auf einem amorphen Al_2O_3-Träger wurde unter mageren Bedingungen von Simonsen et al. mittels in situ TEM untersucht [34]. Die Autoren berichteten, dass die Partikelsinterung durch einen Ostwald-Reifungsprozess kontrolliert wird, bei dem eine Migration einzelner Platinatome stattfindet. Aufgrund der sich unterscheidenden Partikelgrößenverteilung und Partikelmorphologie der in N_2 gealterten Proben liegt es nahe, dass die Platinsinterung in sauerstofffreier Atmosphäre im Gegensatz dazu nach einem anderen häufig vorgeschlagenen Mechanismus erfolgt, der auf der Migration von Kristalliten als Gesamteinheit beruht. So können sich sehr kleine Partikel, die für eine hohe Edelmetalldispersion verantwortlich sind, jedoch nur wenig zur katalytischen Aktivität gegenüber der CO-Oxidation beitragen, zu größeren Platinpartikeln zusammenschließen, die bezogen auf die zugängliche Oberfläche eine höhere Aktivität aufweisen. Dies wäre eine mögliche Erklärung für die nahezu konstante CO-Light-Off-Temperatur selbst nach Halbierung der katalytisch aktiven Oberfläche infolge von thermischer Alterung in N_2.

5.6. Simulationsergebnisse

5.6.1. Simulation der CO-Light-Off-Messungen

Der in Abschnitt 5.4 beschriebene Modell wurde für die Simulation der CO-Light-Off-Experimente der frischen und mager gealterten Proben verwendet. Zur Modellierung der alterungsinduzierten Erhöhung der Zündtemperatur wurde lediglich der Modellparameter $F_{\text{cat/geo}}$ aus der gemessenen Platindispersion berechnet, zu der er sich proportional verhält:

$$F_{\text{cat/geo}} = \frac{A_{cat}}{A_{geo}} = D\frac{m_{cat}}{M_{cat}\Gamma_{cat}A_{geo}} \tag{5.5}$$

In Abb. 5.12 ist der Vergleich der Simulationsergebnisse für den CO-Umsatz während der Zündung der CO-Oxidation mit den experimentellen Daten gezeigt. Es ist zu erkennen, dass das Modell in der Lage ist, die experimentellen Ergebnisse im Rahmen der Messgenauigkeit sehr gut wiederzugeben. Die größten Abweichungen zwischen numerischer Simulation und Experiment sind im Bereich starker Alterung in den beiden mageren Modellabgasmischungen zu finden, was darin begründet liegt, dass bereits die experimentellen Daten der Korrelation zwischen katalytischer Aktivität und katalytisch aktiver Oberfläche in diesem

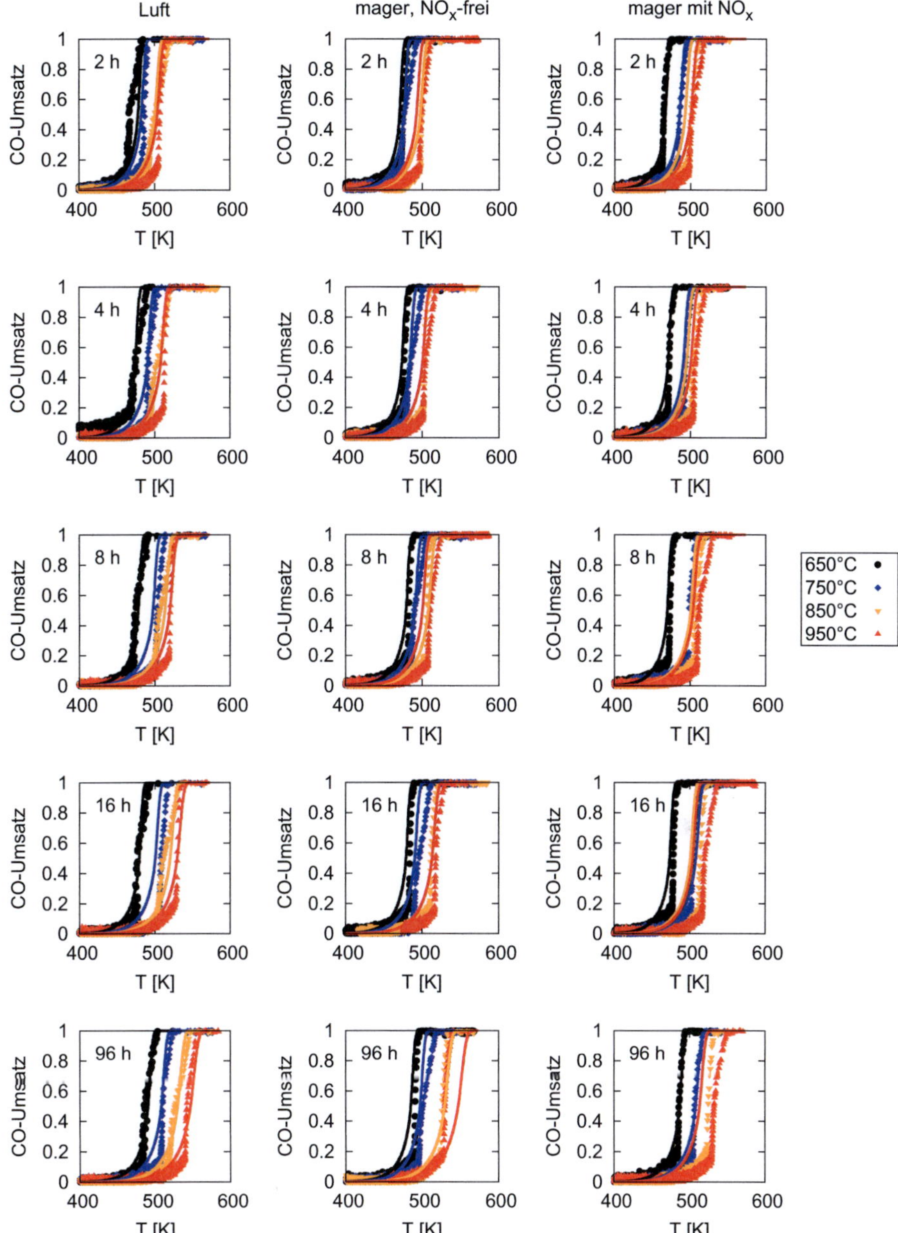

Abb. 5.12.: Numerische Simulation (Linien) des CO-Umsatzes während des CO-Light-Offs und Vergleich mit experimentellen Werten (Symbole): Berücksichtigung der Alterungseffekte durch Anpassung des Modellparameters $F_{cat/geo}$ entsprechend der gemessenen Platindispersion.

Bereich leichte Unterschiede für die verschiedenen Alterungsatmosphären aufweisen (s. Abschnitt 5.5). Zudem bewirken bei stark gealterten Proben kleine Veränderungen der Platindispersion große Unterschiede im CO-Light-Off-Verhalten, sodass selbst minimale Messungenauigkeiten bei der CO-Chemisorption, die zu einer gewissen Unsicherheit in der Berechnung des Modellparameters $F_{cat/geo}$ führen, bei der Modellierung dieser Fälle bedeutend ins Gewicht fallen. Jedoch sollte an dieser Stelle nochmals festgehalten werden, dass allein die Anpassung der katalytisch aktiven Oberfläche im Modell an die experimentell ermittelte Dispersion ausreicht, um die unterschiedliche Aktivität von Katalysatoren, die verschiedenen Alterungsbehandlungen unterworfen worden sind, gegenüber der CO-Oxidation korrekt zu beschreiben und eine Anpassung kinetischer Modellparameter nicht notwendig ist.

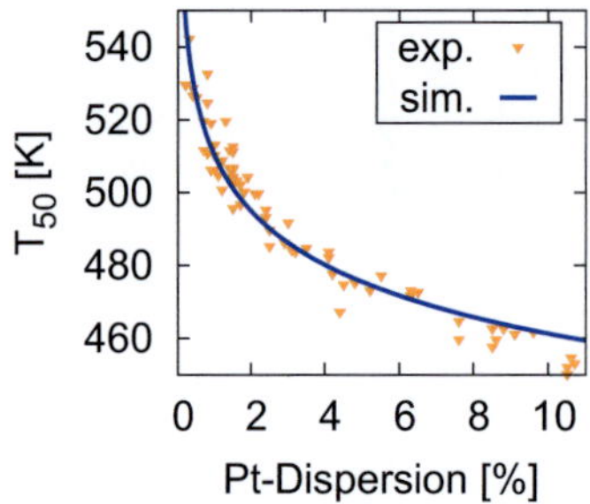

Abb. 5.13.: Korrelation zwischen CO-Light-Off-Temperatur und Platindispersion für mager gealterte Katalysatorproben: Vergleich von Simulation und Experiment.

Die Korrelation zwischen CO-Light-Off-Temperatur und Platindispersion in der Simulation und im Experiment ist in Abb. 5.13 vergleichend dargestellt. Es ist zu erkennen, dass das Modell den experimentell ermittelten Zusammenhang dieser beiden charakteristischen Größen korrekt beschreibt. Insofern konnte im Rahmen dieser Arbeit die experimentell gefundene Korrelation zwischen katalytischer Aktivität und katalytisch aktiver Oberfläche erfolgreich für die Simulation von Aktivitätsveränderungen aufgrund von thermischer Alterung des Katalysators angewendet werden.

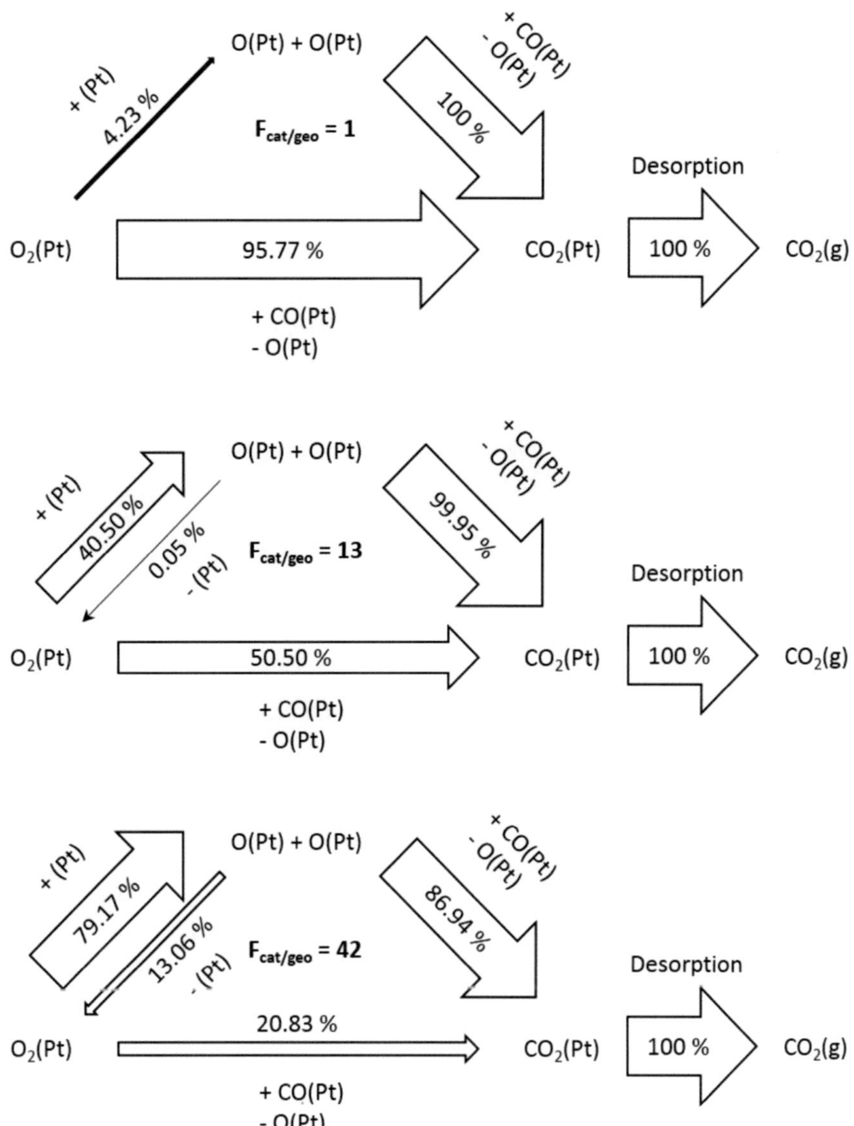

Abb. 5.14.: Reaktionsflussanalyse bei der CO-Light-Off-Temperatur T_{50}: Vergleich unterschiedlicher $F_{cat/geo}$-Werte.

An den Ergebnissen der Reaktionsflussanalyse in Abb. 5.14 ist zu erkennen, dass die jeweiligen Anteile der beiden unterschiedlichen Reaktionspfade an der CO_2-Bildung stark von der aktiven katalytischen Oberfläche und somit von der Platindispersion abhängt. Im Falle einer niedrigen Edelmetalldispersion wird CO_2 hauptsächlich über die direkte Reaktion von CO(Pt) mit der molekular adsorbierten Sauerstoffspezies O_2(Pt) gebildet, wohingegen der Weg der CO_2-Bildung über die Reaktion von CO(Pt) mit atomar adsorbiertem O(Pt) mit steigender Platindispersion kontinuierlich an Bedeutung gewinnt, da die Geschwindigkeit der Sauerstoffdissoziation auf der Katalysatoroberfläche mit der katalytisch aktiven Oberfläche zunimmt.

In Abb. 5.15 ist die simulierte zeitliche Entwicklung der Oberflächenbedeckung während einer CO-Light-Off-Messung beispielhaft für einen Katalysator mit $F_{cat/geo} = 13$ dargestellt. Vor der Zündung der CO-Oxidationsreaktion ist die Platinoberfläche nahezu vollständig von CO(Pt) bedeckt. In Übereinstimmung mit den experimentellen Beobachtungen von Salomons et al., setzt die CO-Oxidation am Katalysatorausgang ein, wobei sich die Reaktionsfront mit der Zeit in Richtung des Katalysatoreingangs verschiebt [106]. Nach der Zündung der Reaktion fällt die Oberflächenkonzentration von CO(Pt) am Ende des Katalysators nahezu auf Null, wohingegen die Konzentration von O(Pt) im gleichen Maße zunimmt. Je höher die Temperatur steigt, desto größer wird der Anteil der Platinoberflächenplätze, der mit O(Pt) statt mit CO(Pt) bedeckt ist. Für hohe Temperaturen, ist die CO-Oxidation bereits am Eingang des Katalysators abgeschlossen. Es ist erwähnenswert, dass in jeder Phase des CO-Light-Off-Experiments an der Reaktionsfront ein bemerkenswerter Anteil an freien Platinoberflächenplätzen (Pt) vorhanden ist. Außerdem sind kleine Anteile der Katalysatoroberfläche an der Reaktionsfront mit CO_2(Pt) und O_2(Pt) bedeckt. Weiterhin ist die Existenz von zwei Maxima an unterschiedlichen axialen Positionen für die Oberflächenkonzentration von CO_2(Pt) zu erwähnen. Der stromabwärts gelegene Peak entstammt der CO_2-Bildung über die Reaktion von CO(Pt) mit molekular adsorbiertem Sauerstoff O_2(Pt), wohingegen der Peak, der sich näher am Katalysatoreingang befindet, seine Ursache in der Reaktion von CO(Pt) mit O(Pt) hat.

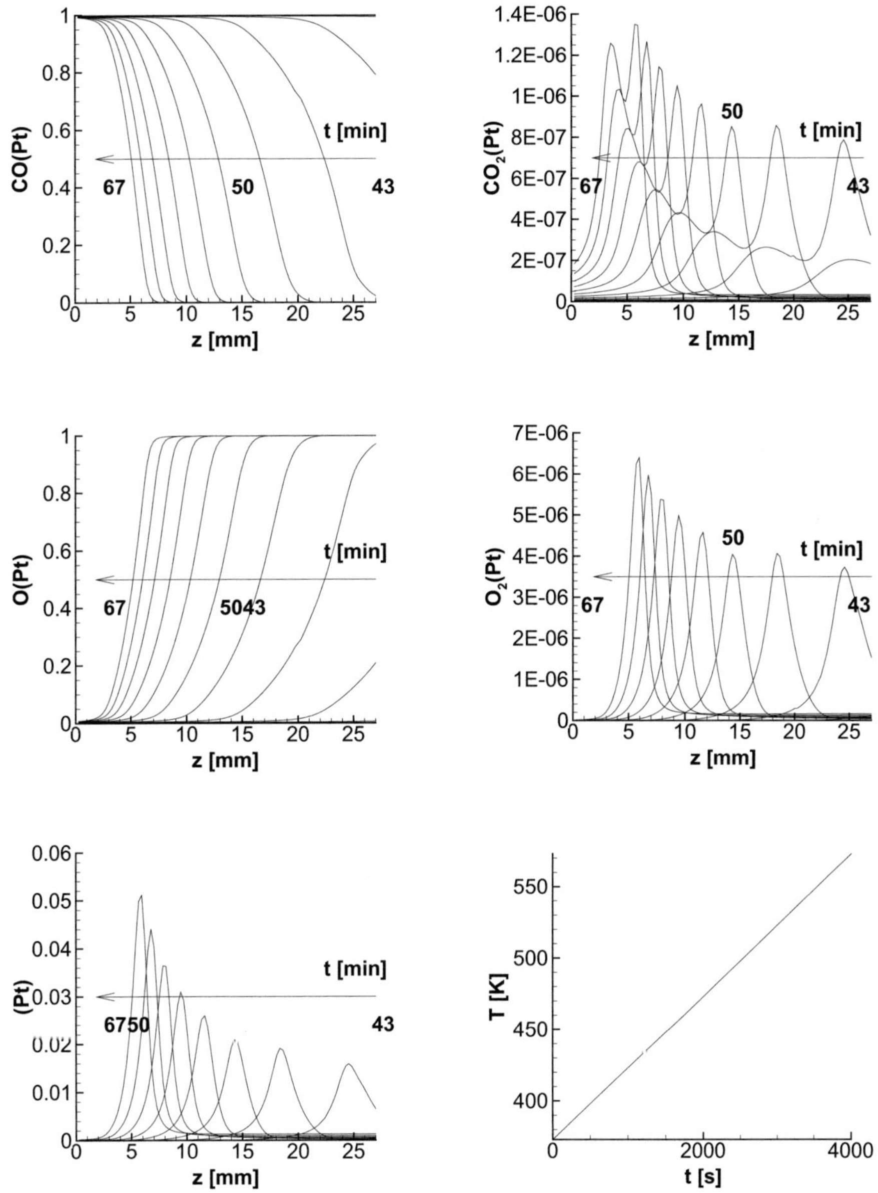

Abb. 5.15.: Simulierte zeitliche Entwicklung der Oberflächenbedeckung während einer CO-Light-Off-Messung für einen Katalysator mit $F_{cat/geo} = 13$ (373-573 K, 3 K/min). Gaseinlass: 1 Vol.-% CO, 7 Vol.-% CO_2, 10 Vol.-% H_2O, 12 Vol.-% O_2 in N_2.

5.6.2. Simulation der axialen Konzentrationsprofile

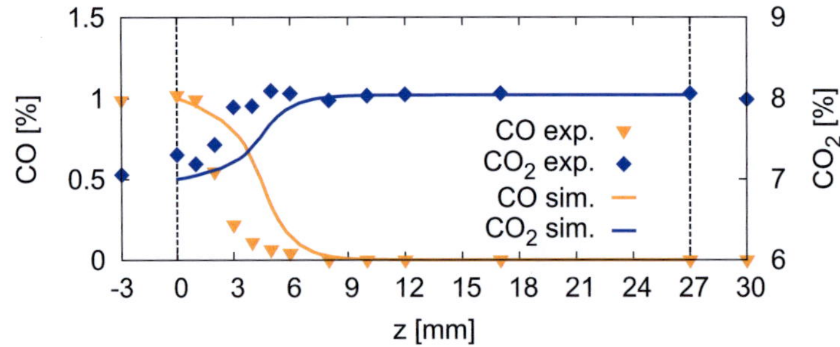

Abb. 5.16.: Simulierte (Symbole) und experimentell ermittelte (Linien) axiale Konzentrationsprofile für die CO-Oxidation bei 508 K, $F_{cat/geo}$ 13. Gaseinlass: 1 Vol.-% CO, 7 Vol.-% CO_2, 10 Vol.-% H_2O, 12 Vol.-% O_2 in N_2.

In Abb. 5.16 sind die simulierten und experimentell ermittelten axialen Konzentrationsprofile von CO und CO_2 in der Gasphase vergleichend dargestellt. Die Messung wurde mit der Katalysatorprobe durchgeführt, die 96 h lang bei 650 °C in der mageren, NO_x-enthaltenden Modellabgasmischung gealtert worden ist. Der für die Modellierung verwendete $F_{cat/geo}$-Wert von 13 wurde aus der experimentell bestimmten Platindispersion berechnet. Für die numerische Simulation mit dem Programm DETCHEM[CHANNEL] wurden adiabatische Bedingungen vorausgesetzt, da gemessene Temperaturprofile mit nahezu adiabatischen Bedingungen konsistent waren ($\Delta T = 83\ K$). Die Strömungsgeschwindigkeit am Eingang betrug 0,76 m/s bei der Messtemperatur 508 K. Es ist zu erkennen, dass die Simulationsergebnisse qualitativ sehr gut mit den gemessenen Werten übereinstimmen. Die axiale Verschiebung der simulierten Konzentrationsprofile stromabwärts im Vergleich zu den experimentell ermittelten Profilen ist mit der Verfälschung der experimentellen Werte zu erklären, die durch den Einfluss der zur Probenentnahme verwendeten Kapillare auf das Strömungsfeld zustande kommt. Hettel et al. konnten mittels CFD-Simulationen zeigen, dass die Verweilzeit der Gasphasenspezies an der Spitze der Sonde stets größer ist als die Verweilzeit an derselben Stelle in einem leeren Kanal [94]. Dieser Effekt führt zu einem scheinbar fortgeschritteneren Reaktionsverlauf und einer axialen Verschiebung der gemessenen Konzentrationsprofile stromaufwärts. Aus diesem Grund wären die Konzentrationsprofile in einem leeren Monolithkanal im Vergleich zu den experimentell bestimmten Profilen in Richtung Katalysatorausgang verschoben. Die Simulationsergebnisse würden daher quantitativ besser mit den tatsächlichen Konzentrationsprofilen übereinstimmen als mit den gemessenen, die aufgrund einer methodischen Fehlerquelle stromaufwärts verschoben sind. Für eine quantitative Korrektur der experimentellen Daten wären jedoch eine dreidimensionale CFD-Rechnung sowie eine genaue Kontrolle der Position der Kapillare in der xy-Ebene notwendig, was den Rahmen der vorliegenden Arbeit übersteigen würde.

5.6.3. Einfluss des Stofftransportes

Die Konturplots der simulierten Konzentrationsprofile der Gasphasenspezies sind in Abb. 5.17 dargestellt. Es ist zu erkennen, dass moderate radiale Konzentrationsgradienten vorhanden sind. Da die genaue Bestimmung der Position der zur Probenentnahme dienenden Kapillare im verwendeten experimentellen Aufbau nicht möglich war, ist dies eine weitere potentielle Quelle der Messunsicherheit für die experimentelle Ermittlung der Konzentrationsprofile.

Der Einfluss der externen Massentransportlimitierung durch radiale Diffusion im Kanalstrom kann jedoch für die Simulation der CO-Light-Off-Experimente vernachlässigt werden, da bei der Zündung aufgrund der starken Exothermie der CO-Oxidationsreaktion eine sehr schnelle Änderung der Konzentrationsverhältnisse am Reaktorausgang zu verzeichnen ist. Daher kann davon ausgegangen werden, dass die numerische Simulation der CO-Light-Off-Experimente anhand des eindimensionalen Reaktormodells der kontinuierlichen Rührkesselkaskade adäquate Ergebnisse bereitstellt.

In den im Rahmen dieser Arbeit untersuchten Fällen spielt die Porendiffusion im Washcoat eine weitaus bedeutendere Rolle als die Limitierung der Reaktionsgeschwindigkeit durch den externen Stofftransport. Aus diesem Grund wurde sie in allen durchgeführten numerischen Simulationen durch die Verwendung des Effektivitätskoeffizientenmodells berücksichtigt, wobei CO als repräsentative Spezies für die analytische Lösung der Reaktions-Diffusionsgleichung diente. Es wurde beobachtet, dass die Diffusionslimitierung

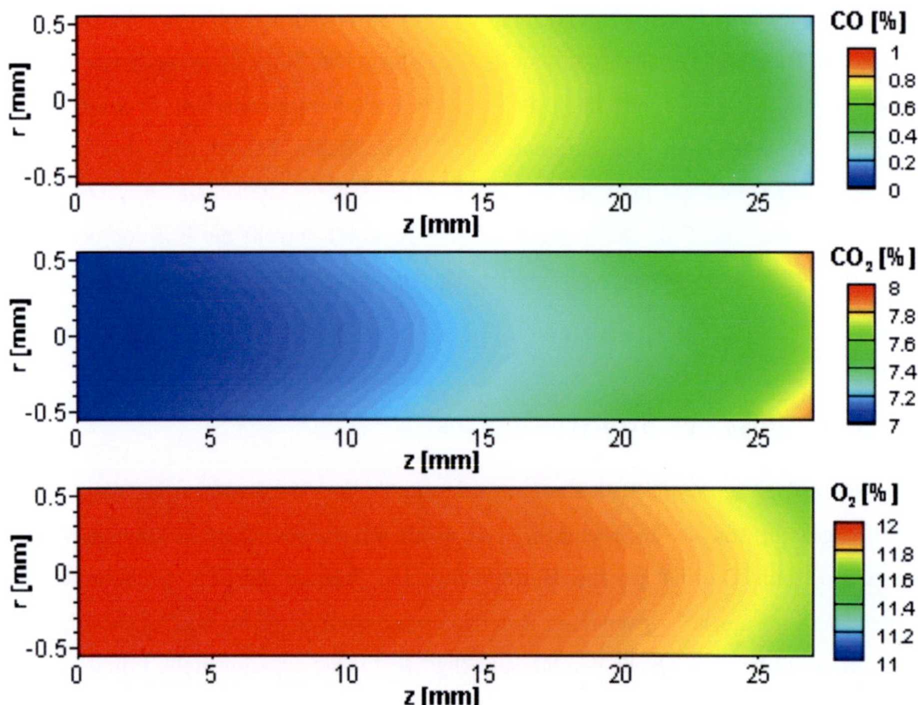

Abb. 5.17.: Zweidimensionale Simulation der Gasphasen-Konzentrationsprofile von CO, CO_2 und O_2Simulierte (Symbole) in einem Monolithkanal für die CO-Oxidation bei 508 K, $F_{cat/geo}$13. z: axiale Koordinate, z = 0: Katalysatoreingang; r: Radius, r = 0: Kanalmitte.

durch den Washcoat von großer Bedeutung ist, sobald die CO-Oxidationsreaktion zündet. Der Effektivitätsfaktor nimmt kontinuierlich mit dem Anstieg der Reaktionsgeschwindigkeit ab und erreicht am Punkt der höchsten Reaktionsgeschwindigkeit ein Minimum von 0,015.

6. NO_x-Speicherkatalysator

Für ein besseres Verständnis des Alterungsverhaltens von NO_x-Speicherkatalysatoren wurden im Rahmen der vorliegenden Arbeit in Kooperation mit dem Institut für Chemische Verfahrenstechnik der Universität Stuttgart zum einen der Einfluss unterschiedlicher Alterungsbedingungen auf physikalische und chemische Eigenschaften sowie Umsatz- und Speicherverhalten eines kommerziellen NSCs untersucht, zum anderen die Struktur-Wirkungsbeziehungen identifiziert. Dabei wurde untersucht, welche Zusammenhänge zwischen charakteristischen Katalysatoreigenschaften wie Edelmetalldispersion, Partikel-größenverteilung, spezifische Oberfläche sowie der Natur der kristallinen Phasen und der Reaktionskinetik von katalysierten Oxidations- und Reduktionsreaktionen sowie der Sauerstoff- und NO_x-Speicherfähigkeit des Katalysators bestehen. Die gefunde-nen Korrelationen führen nicht nur zu einem vertieften Verständnis der Alterung von NO_x-Speicherkatalysatoren, sondern konnten auch erfolgreich dafür genutzt werden, um die für alterungsbedingte Aktivitätsveränderungen relevanten Veränderungen der Katalysatoreigenschaften zu identifizieren und somit die Anpassung eines für einen frischen NSC parametrierten makrokinetischen Modells an gealterte NSCs stark zu erleichtern [107].

6.1. Vorgehensweise

Für die Untersuchungen wurde ein kommerzieller NO_x-Speicherkatalysator der Fa. Umicore AG & Co. KG verwendet, welcher eine Zelldichte von 400 cpsi aufweist und Platin, Palladium und Rhodium als Aktivkomponenten enthält sowie Barium und Cer-Zirkon-Oxid als Speicherkomponenten. Im Anschluss an unterschiedliche Alterungsbehandlungen wurden die Katalysatorproben mittels N_2-Physisorption, CO-Chemisorption, Röntgendif-fraktometrie (XRD) und Elektronenmikroskopie physikalisch und chemisch charakterisiert.

Gleichzeitig wurden am ICVT der Universität Stuttgart kinetische Messungen in einem isothermen Flachbettreaktor durchgeführt. Um identische Alterungsbedingungen für die charakterisierten und kinetisch untersuchten Katalysatorproben zu gewährleisten, wurden die Monolithblöcke am Stück am ICVT hydrothermaler Ofenalterung unterzogen und erst danach für die weiteren Forschungsarbeiten aufgeteilt.

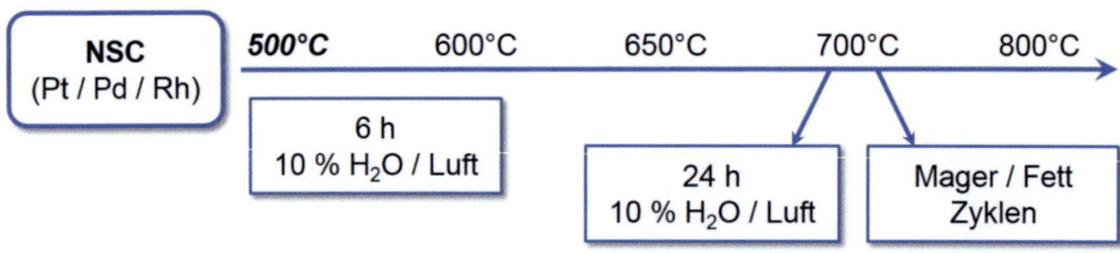

Abb. 6.1.: Alterungsbedingungen für den Serien-NSC.

Als Referenz wurde ein Katalysator gewählt, der 6 h lang bei 500 °C in Luft und 10 Vol.-% H$_2$O vorkonditioniert wurde. Weitere Monolithe wurden 6 h lang bei 600, 650, 700 und 800 °C in Luft und 10 Vol.-% H$_2$O gealtert. Dementsprechend werden die Katalysatoren im Folgenden als NSC500, NSC600, NSC650, NSC750 und NSC800 bezeichnet. Anschließend wurden alle Proben für 2 h bei 350 °C einer reduzierenden Nachbehandlung in 5 Vol.-% H$_2$, 10 Vol.-% H$_2$O in N$_2$ unterzogen. Zur Untersuchung des Einflusses der Alterungsdauer wurde eine weitere Probe, die im Folgenden als NSC700_24h bezeichnet wird, bei 700 °C für 24 h statt 6 h unter ansonsten gleichen Bedingungen gealtert. Des Weiteren wurde zur Untersuchung des Einflusses der Alterungsatmosphäre ein Katalysator mit der Bezeichnung NSC700MF 6 h lang bei 700 °C unter adiabatischen Bedingungen Mager/Fett-Zyklen unterworfen, wobei die magere Phase 60 Sekunden und die fette 5 Sekunden betrug (Abb. 6.1). Die detaillierten Zusammensetzungen der hierfür verwendeten mageren und fetten Modellabgase sind in Tabelle 6.1 aufgeführt.

Komponente	mageres Modellabgas	fettes Modellabgas
NO [Vol.-ppm]	200	200
NO_2 [Vol.-ppm]	70	70
C_3H_6 [Vol.-ppm]	100	100
O_2 [Vol.-%]	12	0,9
H_2 [Vol.-%]	0	0,7
CO [Vol.-%]	0,04	2,1
CO_2 [Vol.-%]	7	7
H_2O [Vol.-%]	10	10
N_2	Rest	Rest

Tab. 6.1.: Gaszusammensetzungen für die für die Alterung unter Mager/Fett-Wechsel.

6.2. Physikalisch-chemische Charakterisierung

Im Folgenden wird das experimentelle Vorgehen bei der Untersuchung der alterungsinduzierten Veränderungen der physikalischen und chemischen Eigenschaften des Serien-NSCs beschrieben.

6.2.1. N_2-Physisorption

Die spezifische Oberfläche und die Porengrößen des Washcoats wurden nach der BET-Methode durch Messung der Adsorptions/Desorptions-Isotherme von N_2 bei -196 °C bestimmt (s. Abschnitt 3.1). Dazu wurde ein volumetrisches Adsorptionsmessgerät der Fa. Rubotherm GmbH verwendet (BELSORP-Mini II). Zur Probenvorbereitung wurde der Washcoat der unterschiedlich gealterten Katalysatoren mechanisch vom Cordieritträger entfernt und über einen Zeitraum von 2 h bei 300 °C im Vakuum ausgeheizt.

6.2.2. CO-Chemisorption

Zur Durchführung der CO-Chemisorption wurde ein dynamisches Strömungsverfahren gewählt. Der Vorteil dynamischer Verfahren gegenüber statisch-volumetrischer Methoden liegt darin, dass sie bei atmosphärischem Druck durchgeführt werden können und kein Vakuum benötigen [55].

Zur Einstellung der Volumenströme wurden Massenflussregler (MFC) der Firmen Bronkhorst Mättig GmbH (CO-Chemisorption nach Maskierung) und MKS Instruments Deutschland GmbH (CO-Chemisorption bei -78 °C) eingesetzt. Für die Gasanalyse wurden ein FTIR-Spektrometer (MKS Multigas 2030) und ein NDIR-Analysator (BINOS 1000) verwendet. Der Reaktor wurde mit einem elektrischen Ofen beheizt, wobei die Steuerung durch Regler der Fa. Eurotherm und die Temperaturüberwachung mit K-Typ Thermoelementen erfolgte. Die für die Dispersionsmessungen verwendeten Proben bestanden aus Bohrkernen (19 mm Durchmesser, 30 mm Länge), die den unter verschiedenen Bedingungen gealterten Monolithblöcken des Serien-NSCs (s. Abschnitt 6.1) entnommen worden sind. Diese wurden in ein Quarzglasrohr mit einem Innendurchmesser von 21 mm eingesetzt, wobei sie zur Vermeidung von Gasbypass in Quarzwolle eingewickelt wurden.

6.2.2.1. CO-Chemisorption nach Maskierung

Da CO auch auf der Oberfläche der Speicherkomponenten des NSCs adsorbiert, ist es notwendig, diese zu maskieren, um eine quantitative Bestimmung der Edelmetalldispersion zu gewährleisten (s. Abschnitt 3.2). Die experimentelle Vorgehensweise ist in Abbildung 6.2 dargestellt und wird im Folgenden erläutert.

Zunächst wurden durch eine temperaturprogrammierte Oxidation (TPO) mit reinem Sauerstoff chemisorbierte und physisorbierte Spezies von der NSC-Probe entfernt, wobei mit einer Temperaturrampe von 10 K/min von Raumtemperatur auf 300 °C aufgeheizt wurde. Anschließend wurde die Probe im Stickstoff-Strom auf Raumtemperatur abgekühlt. Um eine vollständige Reduktion der Edelmetallkomponente zu erreichen, wurde mit einer Rampe von 10 K/min von Raumtemperatur bis 330 °C eine temperaturprogrammierte Reduktion (TPR) mit 5 Vol.-% H$_2$ in N$_2$ durchgeführt. Nach Abkühlen auf Raumtempera-

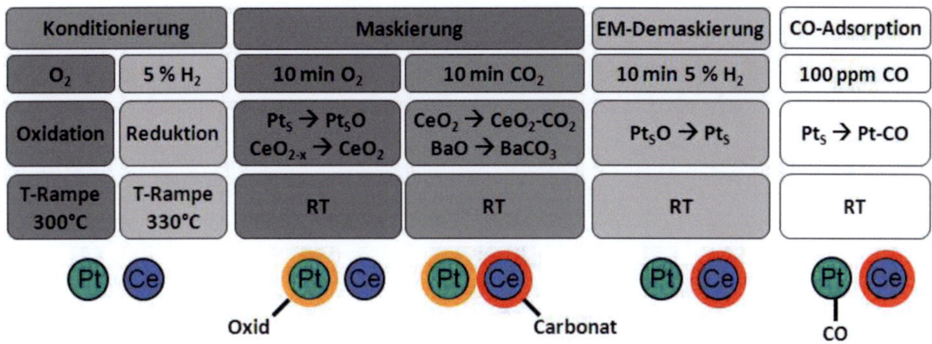

Abb. 6.2.: Experimentelle Vorgehensweise bei der CO-Chemisorption am NSC nach Maskierung der Speicherkomponenten.

tur im Stickstoff-Strom erfolgte die Maskierung der Speicherkomponenten. Hierzu wurde die Probe jeweils für 10 min mit reinem O$_2$ und CO$_2$ behandelt, um die Oberfläche der Speicherkomponenten durch Carbonatbildung zu sättigen und somit eine Wechselwirkung des Washcoats mit CO auszuschließen. Anschließend wurde der Reaktor so lange mit N$_2$ gespült, bis am Reaktorausgang kein CO$_2$ mehr zu detektieren war. Da sich auf diese Weise auf der oxidierten Edelmetalloberfläche hingegen keine Carbonate bilden, ist eine Reduktion der Edelmetalle mit 5 Vol.-% H$_2$ in N$_2$ möglich. Im Anschluss an die 10-minütige reduktive Behandlung wurde der Reaktor 30 min lang mit N$_2$ gespült. Schließlich wurden bei einem Volumenfluss von 1 L/min 100 ppm CO in N$_2$ zudosiert, wobei die CO-Adsorption nun selektiv auf der Oberfläche der Edelmetallkomponenten erfolgt. Die online-Analyse der Austrittsgase mittels Fourier-Transformations-Infrarot-Spektroskopie (FTIR) diente der Verfolgung der Sättigung der NSC-Proben mit CO. So konnte die Stoffmenge an adsorbiertem CO durch die Differenz der zeitlichen Integration der CO-Austrittskonzentration einer Leerrohrmessung, die zur Bestimmung des Reaktortotvolumens durchgeführt worden ist, und der Sättigungskurve ermittelt werden.

6.2.2.2. CO-Chemisorption bei -78 °C

Eine Alternative zur Bestimmung der Edelmetalldispersion eines NO$_x$-Speicherkatalysators mittels CO-Chemisorption im Anschluss an eine Maskierung der Speicherkomponenten bietet die CO-Chemisorption bei -78 °C, da die CO-Adsorption auf der Washcoatoberfläche unter diesen Bedingungen stark unterdrückt ist (s. Abschnitt 3.2). Die experimentelle Durchführung ist in Abbildung 6.3 zusammengefasst und wird im Folgenden näher erläutert.

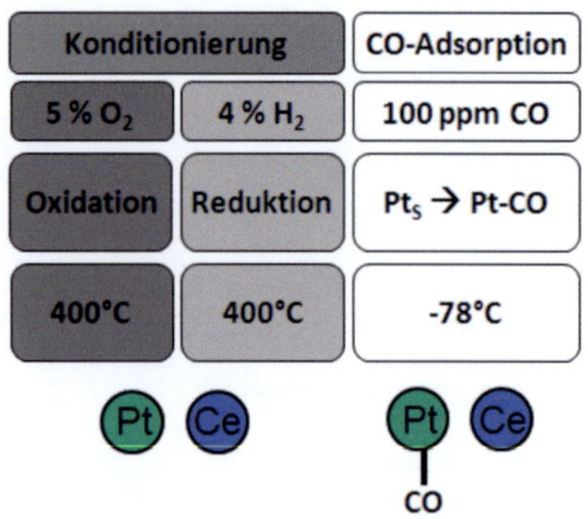

Abb. 6.3.: Experimentelle Vorgehensweise bei der CO-Chemisorption am NSC bei -78 °C.

Zunächst wurden die Proben vorbehandelt, um einen reproduzierbaren Ausgangszustand zu erreichen. Dabei wurde bei einer Temperatur von 400 °C zur Entfernung von Rückständen für 15 min eine Oxidation mit 5 Vol.-% O$_2$ in N$_2$ durchgeführt und im Anschluss an eine 15 minütige Spülung des Reaktors mit N$_2$ bei derselben Temperatur 15 min lang 4 Vol.-% H$_2$ in N$_2$ zudosiert, um eine vollständige Reduktion der Oberfläche der Edelmetallkomponenten zu gewährleisten. Danach wurde der Reaktor im N$_2$-Strom auf -78 °C gekühlt. Nach erreichen der Temperatur erfolgte die CO-Sättigung der Probe mit 100 Vol.-ppm CO in N$_2$, wobei die Austrittskonzentrationen von CO und CO$_2$ mittels Nichtdispersiver Infrarotspektroskopie (NDIR) verfolgt wurden. Die Bestimmung der Menge an adsorbiertem CO erfolgt analog der CO-Chemisorption nach Maskierung der Speicherkomponenten (s. Abschnitt 6.2.2.1).

6.2.3. Röntgendiffraktometrie

Die XRD-Messungen wurden mit einem Röntgendiffraktometer der Fa. Bruker (D8 Advance) in Bragg-Brentano-Geometrie im Winkelbereich $10° \leq 2\theta \leq 90°$ durchgeführt. Es wurde Cu Kα-Strahlung verwendet, eine Schrittweite von 0,016° sowie 2 s Messzeit pro Schritt gewählt. Hierbei wurde eine Ni-Folie als $K\beta$-Filter eingesetzt. Zur quantitativen Analyse sowie für die Bestimmung der Kristallitgrößen nach Scherrer wurde das FPM-Modell (Full Pattern Matching) der Software DiffracPlus EVA der Firma Bruker AXS GmbH verwendet, das auf der Modellierung der Röntgenreflexe mittels Pseudo-Voigt-Funktionen basiert (s. Abschnitt 3.3).

6.2.4. Transmissionselektronenmikroskopie

Die elektronenmikroskopischen Untersuchungen wurden am Laboratorium für Elektronenmikroskopie (LEM) des KIT im hochauflösenden Transmissionselektronenmikroskop (HRTEM) Philips CM200 FEG/ST sowie am Karlsruhe Nano Micro Facility (KNMF) des KIT im abberationskorrigierten TEM FEI Titan 80-300, welches eine STEM-Einheit enthält, durchgeführt. Für die chemische Analyse wurde EDX verwendet, während SAED eingesetzt wurde, um die Kristallinität der Proben zu vergleichen (s. Abschnitt 3.4). Die Platinpartikelgrößenverteilung wurde aus der Analyse von STEM- und HRTEM-Aufnahmen mit Hilfe der Bildverarbeitungs- und Analysesoftware ImageJ erhalten.

Bei der Probenpräparation war zu beachten, dass die Proben für die TEM-Messungen elektronentransparent sein müssen. Daher wurde zur Probenvorbereitung der Washcoat der unterschiedlich gealterten NSC-Proben zunächst mechanisch vom Cordieritträger entfernt. Anschließend wurden fein dispergierte Washcoatpartikel auf ein Kohlenstoff beschichtetes Kupfernetz aufgebracht.

6.3. Reaktionskinetische Untersuchungen

Die experimentellen reaktionskinetischen Untersuchungen der unterschiedlich gealterten NSC-Proben wurden unter realitätsnahen Strömungsbedingungen an einer Flachbettreaktor-Versuchsanlage am ICVT der Universität Stuttgart durchgeführt [108]. Im Folgenden wird auf den Aufbau der Anlage sowie auf die Versuchsbedingungen eingegangen.

6.3.1. Versuchsanlage

Die Versuchsanlage setzt sich aus drei Hauptbestandteilen zusammen (Abb. 6.4):

1. Gasdosierung

2. isothermer Flachbettreaktor

3. Analyseeinheit

Für die Gasdosierung werden Einzelgasströme aus Gasflaschen entnommen und über Massenflussregler gesteuert. Wasser wird vor Eintritt in den Reaktor dampfförmig eingeleitet. Dazu wird gasfreies Wasser in flüssiger Form mittels einer HPLC-Pumpe einem Verdampfer zugeführt, der eine kontinuierliche, pulsationsarme Verdampfung kleiner Wasserströme gewährleistet [109]. Durch eine spezielle Ventilschaltung ist es möglich, periodisch wechselnde Gaszusammensetzungen zu dosieren, sodass der für den NSC typischen Mager/Fett-Wechsel Betrieb nachgestellt werden kann. Um Druckschwankungen bei der Umschaltung zu vermeiden, wird für den ins Abgas geleiteten Teilstrom über ein Druckregelventil derselbe Druck eingestellt, der im Reaktor vorherrscht.

Der Flachbettreaktor, der am ICVT der Universität Stuttgart eigens zur experimentellen Untersuchung monolithischer Katalysatoren entwickelt wurde, stellt das Kernstück der Laboranlage dar [110]. Er besteht im Wesentlichen aus zwei elektrisch beheizbaren Edelstahlhalbschalen, zwischen denen in einer Längsnut mehrere gleich große Scheibchen eines zu untersuchenden Katalysators untergebracht werden können (Abb. 6.5). Die verwendeten Scheibchen weisen eine Länge von 40 mm, eine Breite von 30 mm sowie eine Höhe von einer Kanalreihe auf, welche bei einem Monolith mit 400 cpsi ca. 1,4 mm beträgt. Fünf dieser Scheibchen werden hintereinander in dem Flachbettreaktor positioniert, womit sich eine untersuchte Katalysatorlänge von 20 cm ergibt. Ein inertes Scheibchen im Zulauf des Reaktors dient als Aufheizstrecke für das einströmende Gas sowie zur Strömungsausbildung. Da die für kinetische Messungen verwendeten Scheibchen aus kommerziellen Wabenkatalysatoren stammen, kann man davon ausgehen, dass realistische Bedingungen herrschen und die Transportvorgänge im Katalysator somit dem Anwendungsfall entsprechen. Außerdem können die Reaktionsbedingungen als isotherm betrachtet werden, da aufgrund der hohen thermischen Masse des Reaktors und der

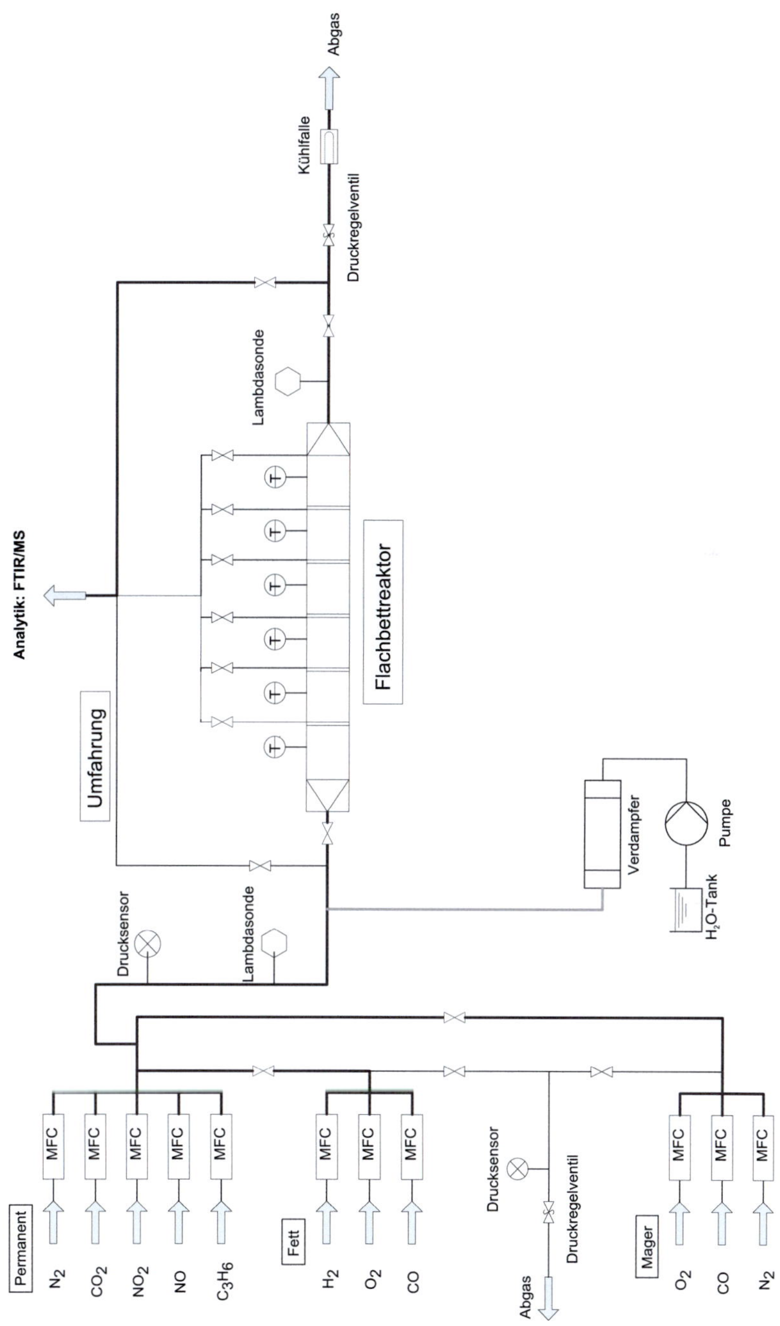

Abb. 6.4.: Schematische Darstellung der Versuchsanlage [108].

großen Kontaktfläche zwischen den Katalysatorscheibchen und der Graphitdichtungen, die zur Abdichtung der Edelstahlhalbschalen gegeneinander und der Katalysatorscheibchen gegenüber dem Reaktor verwendet werden, ein guter Wärmeübergang gewährleistet ist. Zwischen den fünf katalytisch aktiven Scheibchen, die auf das Inertscheibchen folgen, befinden sich seitliche Gasabzüge, was eine Analyse der Gaszusammensetzung nach jedem Scheibchen und somit die Bestimmung ortsabhängiger Konzentrationsprofile für den Reaktor ermöglicht.

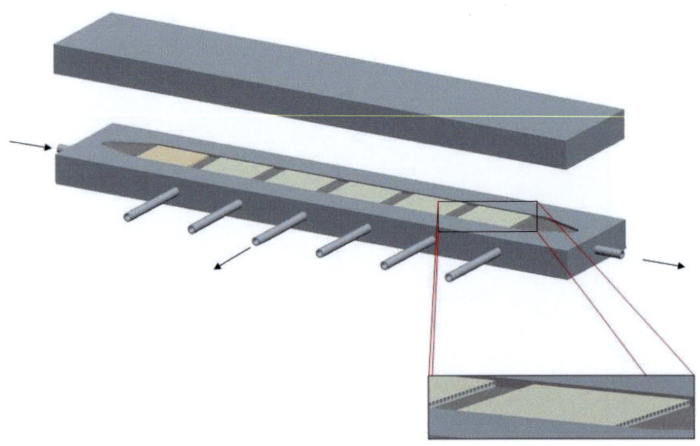

Abb. 6.5.: CAD-Zeichnung des Flachbettreaktors [108].

Die online-Analyse des Austrittgases erfolgte über Massenspektrometrie (MS) und Fourier-Transformations-Infrarotspektrometerie (FTIR). Das Gerät der Fa. MS4 kombiniert zwei unterschiedlich ionisierende Quadrupol-Massenspektrometer (Airsense Compact der Fa. V&F sowie QMS 200 der Fa. Pfeiffer), was die Bereitstellung einer chemischen Ionisierung und einer Elektronenstoßionisierung zugleich ermöglicht. Die Elektronenstoßionisierung ist für die Detektion schwer ionisierbarer Moleküle wie N_2, H_2 und CO_2 notwendig, während die chemische Ionisierung für die Analyse aller anderen im Abgas vorkommenden Gase geeignet ist. Mit dem vorliegenden Gerät ist eine zeitlich hoch aufgelöste, parallele Erfassung zahlreicher Gaskomponenten möglich. Das FTIR (MultiGas2030 der Fa. MKS) kam auf Grund seiner langsameren Messfrequenz von 1 Hz vorwiegend für stationäre Messungen zum Einsatz. Die Messung von Lachgas und Ammoniak erfolgte jedoch stets mit dem FTIR, da diese Komponenten mit dem zur Verfügung gestandenen MS nur unter erheblichem Verlust an Messgeschwindigkeit erfassbar gewesen wären. Für die Mager/Fett-Wechsel Messungen wurden beide Messgeräte gleichzeitig in paralleler Anordnung eingesetzt. Außerdem standen zur Messung des Lambdawertes zwei Breitbandlambdasonden des Typs LSU 4.2 zur Verfügung, die vor und hinter dem Reaktor lokalisiert waren. Wie im Anlagenschema in Abb. 6.4 dargestellt, befindet sich die Lambdasonde vor dem Reaktor noch vor der Wasserdampfdosierung und misst somit die trockene Zulaufgaszusammensetzung.

6.3.2. Versuchsbedingungen

Die Katalysatoren wurden im Flachbettreaktor am ICVT der Universität Stuttgart sowohl bei stationärer als auch bei dynamischer Betriebsweise mit unterschiedlichen realitätsnahen, synthetischen Abgaszusammensetzungen bei verschiedenen Temperaturen zwischen 70 und 450 °C und einer Raumgeschwindigkeit von 40000 h^{-1} hinsichtlich der Aktivität der Aktiv- und Speicherkomponenten untersucht [108]. Bei allen Experimenten wurde Stickstoff als Restgas verwendet. Die Messungen wurden mit einem für Dieselabgase realitätsnahen Wassergehalt von 10 Vol.-% sowie einem CO_2-Anteil von 7 Vol.-% durchgeführt. Weiterhin betrug der O_2-Anteil bei magerer Gaszusammensetzung stets 12 Vol.-%.

Im Folgenden wird beispielhaft auf Experimente eingegangen, anhand derer Zusammenhänge zwischen physikalischen und chemischen Katalysatoreigenschaften und der katalytischen Aktivität sowie der Speicherfähigkeit des Katalysators diskutiert werden können. Das vollständige Messprogramm, in dem sowohl die Temperaturabhängigkeit der katalytischen Prozesse als auch der Einfluss der Gaszusammensetzung untersucht wurde, und die dazugehörigen Ergebnisse sind in [107] und [108] ausführlich beschrieben.

6.3.2.1. CO- und Propen-Oxidation

Die jeweilige Aktivität der unterschiedlich gealterten NO_x-Speicherkatalysatoren gegenüber der CO- und Propenoxidation, die vorwiegend vom Zustand der Komponenten Platin und Palladium abhängig ist, wurde unter mageren, stationären Bedingungen ermittelt. Als Gaseinlauf wurde dafür eine Mischung aus 800 Vol.-ppm CO, 100 Vol.-ppm C_3H_6, 10

Vol.-% H_2O, 7 Vol.-% CO_2, 12 Vol.-% O_2 in N_2 verwendet. Der CO- und Propen-Umsatz wurde bei verschiedenen Temperaturen zwischen 70 °C und 250 °C bestimmt.

6.3.2.2. Sauerstoffspeicherung

Die Sauerstoffspeicherfähigkeit des Katalysators wird hauptsächlich durch die Eigenschaften der Speicherkomponente Cer-Zirkonoxid bestimmt. Zur Untersuchung der Beladung und des Regenerationsverhaltens des Sauerstoffspeichers wurden NO$_x$-freie Mager/Fett-Wechsel mit jeweils 60 s magerer und fetter Gasatmosphäre durchgeführt, wobei in der Magerphase 2,1 Vol.-% O_2 und in der Fettphase 2,1 Vol.-% H_2 dosiert wurde. Weiterhin enthielt der Zulauf permanent 10 Vol.-% H_2O, 7 Vol.-% CO_2 und Stickstoff. Mittels Breitband-Lambdasonden wurde der Durchbruchszeitpunkt der Speicher- bzw. Regenerationsfront erfasst und somit die gespeicherte Sauerstoffmenge bestimmt. Anhand des Durchbruchs-verlaufs des Lambdasignals bzw. der Sauerstoff- und Regenerationsmittelkonzentrationen können Rückschlüsse auf die Kinetik der Speicherung und Regeneration gezogen werden.

6.3.2.3. NO$_x$-Speicherkapazität

Die NO$_x$-Speicherfähigkeit des Katalysators hängt vorwiegend vom aktuellen Zustand der Bariumkomponente ab. Zur Bestimmung der maximalen NO$_x$-Speicherkapazität der unterschiedlich gealterten NSCs und des dazugehörigen Durchbruchsverlaufs wurden im Anschluss an eine zehnminütige reduktive Vorbehandlung bei 450 °C mit 0,7 Vol.-% H_2, 1 Vol.-% CO, 10 Vol.-% H_2O, 7 Vol.-% CO_2 in N_2 stationäre Langzeitspeicherversuche durchgeführt. Dazu wurden dem Reaktor jeweils 30 min lang bei Temperaturen zwischen 150 °C und 450 °C eine Mischung aus 420 Vol.-ppm NO, 12 Vol.-% O_2, 10 Vol.-% H_2O, 7 Vol.-% CO_2 in N_2 zugeführt und die Gaskonzentrationen am Reaktorausgang verfolgt. Nach jeder Beladung des Katalysators wurde der NO$_x$-Speicher mittels der oben beschrie-benen reduktiven Vorbehandlung regeneriert bevor der nächste Langzeitspeicherversuch durchgeführt wurde.

6.4. Ergebnisse der Charakterisierung

Die Kenntnis darüber, wie sich physikalische und chemische Eigenschaften eines katalytischen Systems sowie deren Veränderungen auf die Aktivität eines Katalysators auswirken, ist nicht nur Voraussetzung für ein besseres Verständnis katalytischer Prozesse, sondern auch für das Verständnis von Alterungsvorgängen unabdingbar. Daher wurden die unter verschiedenen Bedingungen gealterten Proben eines Serien-NSCs hinsichtlich ihrer physikalisch-chemischen Eigenschaften charakterisiert. Die Katalysatorproben und die Alterungsbedingungen sind in Abschnitt 6.1 beschrieben, die theoretischen Grundlagen der verwendeten Charakterisierungsmethoden in Abschnitt 3 und die experimentelle Vorgehensweise in Abschnitt 6.2. Im Folgenden werden die Ergebnisse der physikalisch-chemischen Untersuchung der Katalysatorproben zusammengefasst und diskutiert.

6.4.1. N_2-Physisorption

Die spezifische Oberfläche und die Porenradienverteilung des Washcoats der unterschiedlich gealterten Proben des Serien-NSCs wurden mittels Stickstoffphysisorption bestimmt. In Abbildung 6.6 sind die BET-Oberfläche und der mittlere Porendurchmesser in Abhängigkeit von der Alterungstemperatur dargestellt, wobei für die Alterung bei 700 °C auch der Einfluss der Alterungsdauer und der Alterungsatmosphäre auf die Washcoatporosität zu erkennen ist. Die Messergebnisse zeigen, dass der Einfluss der Alterung auf die Washcoatstruktur stark von der Alterungsatmosphäre abhängig ist. Während die Mager/Fett-Alterung die Porosität des Washcoats kaum beeinflusst, nimmt die spezifische Oberfläche durch die magere hydrothermale Alterung deutlich ab, wobei der mittlere Porendurchmesser im selben Maße zunimmt. Eine Analyse der Porengrößenverteilung nach dem BJH-Modell zeigte, dass kleine Poren infolge der mageren Alterung kollabieren, wobei sich der Anteil an Poren mit einem Radius von bis zu 8 nm besonders stark verringert (Abb. 6.7). Außerdem konnte gezeigt werden, dass eine Vervierfachung der Alterungsdauer keine weitere Abnahme der spezifischen Oberfläche bewirkt.

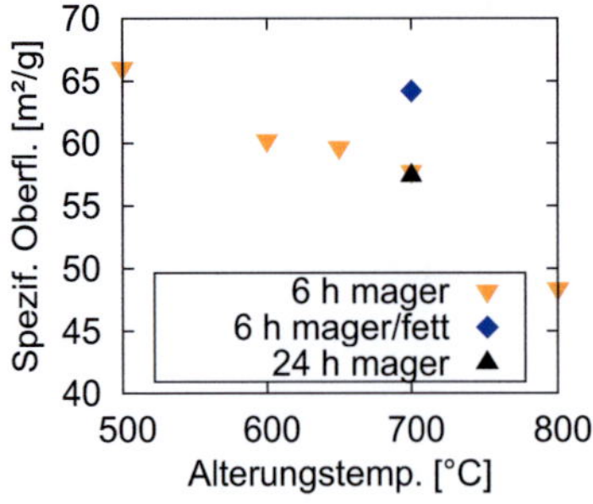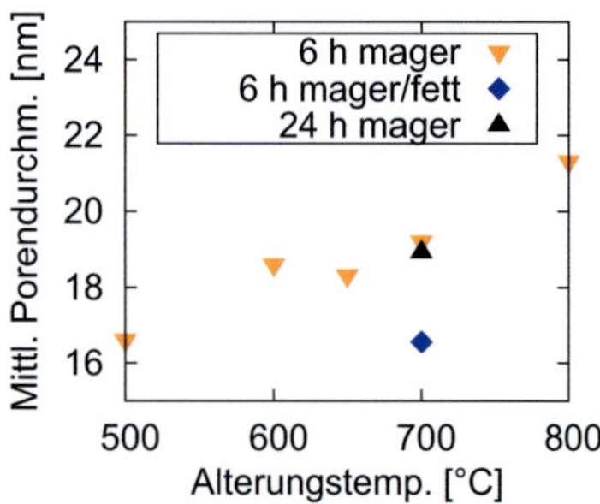

Abb. 6.6.: Einfluss der Alterungsbehandlung auf die spezifische Oberfläche und den mittleren Porendurchmesser des Serien-NSC.

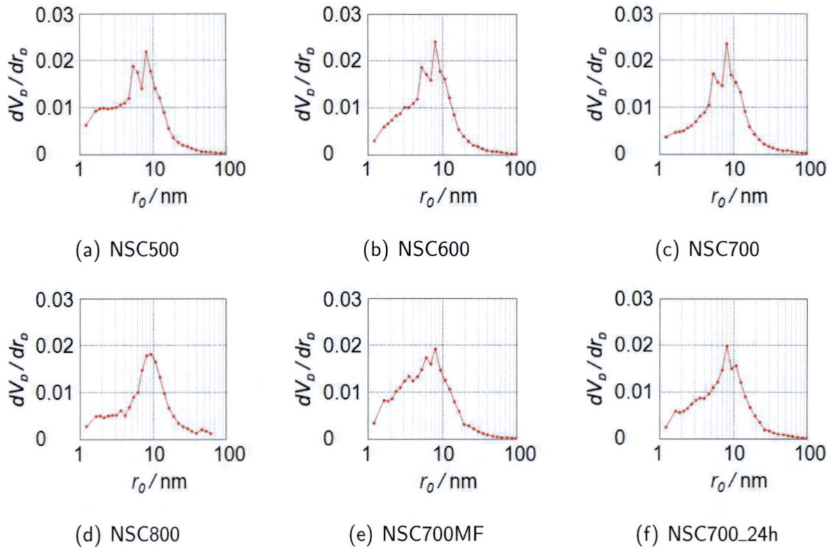

(a) NSC500   (b) NSC600   (c) NSC700

(d) NSC800   (e) NSC700MF   (f) NSC700_24h

Abb. 6.7.: Porenradienverteilung der NSC-Proben.

Daraus lässt sich schließen, dass die Veränderung der Washcoatstruktur eine Ursache für die Aktivitätsabnahme des NO_x-Speicherkatalysators nach magerer Alterung darstellt, da verschlossene Poren mit einer Verminderung der zugänglichen Aktiv- und Speicherkomponenten einhergehen. Dabei sind Oxidations- und Reduktionsreaktionen sowie Sauerstoff- und NO_x-Speicherung gleichermaßen betroffen. Jedoch ist anzunehmen, dass die Sinterung des Washcoats nach spätestens 6 h magerer hydrothermaler Alterung abgeschlossen ist, da eine Verlängerung der Alterungsdauer von 6 h auf 24 h keine weiteren Veränderungen bewirkt. Im Gegensatz dazu bleibt die ursprüngliche Washcoatstruktur nach Mager/Fett-Alterung erhalten und ist in diesem Fall somit nicht als Ursache für die Abnahme der katalytischen Aktivität anzusehen.

6.4.2. CO-Chemisorption

In Abbildung 6.8 ist zu erkennen, dass die Edelmetalldispersion erwartungsgemäß bei gleichbleibender Alterungsatmosphäre kontinuierlich mit steigender Alterungstemperatur abnimmt. Die bei -78 °C gemessene katalytisch aktive Oberfläche (Abb. 6.8 b) fällt im Allgemeinen etwas höher aus als die Dispersion, die durch CO-Sättigung im Anschluss an eine Maskierung der Speicherkomponenten mit CO_2 ermittelt wurde (Abb. 6.8 a). Dies ist auf zwei Ursachen zurückzuführen: Zum einen ist die Aufnahme von CO durch Ceroxid bei -78 °C zwar stark unterdrückt, kann jedoch nicht vollständig ausgeschlossen werden [111]. Zum anderen sind die Ergebnisse der CO-Chemisorption im Anschluss an die Maskierung leicht verfälscht, da die Maskierung der Speicherkomponenten zum Teil zu einer Bildung von instabilen Carbonaten führte, sodass während der CO-Sättigung CO_2 desorbierte. Die Desorption von CO_2 bei Raumtemperatur wurde in Anwesenheit eines Reduktionsmittels (CO, H_2) bei den NSC-Proben beobachtet, die bei Temperaturen von 700 °C und höher gealtert worden sind. Nach Alterung bei 800 °C nahm die CO_2-Desorption solche Ausmaße an, dass die Ermittlung aussagekräftiger Werte für die Edelmetalldisperison nach der Maskierungsmethode nicht möglich war. Dies legt nahe, dass die Bildung von instabilen Carbonaten mit der Alterungstemperatur zunimmt, was mit der Beobachtung übereinstimmt, dass die Abweichung zwischen den nach der Maskierungsmethode und den nach der Kühlungsmethode ermittelten Werten für die Dispersion mit Erhöhung der Alterungstemperatur steigt.

Somit wird die katalytisch aktive Oberfläche durch die CO-Chemisorption bei -78 °C etwas überschätzt, während sie durch die auf eine Maskierung der Speicherkomponenten folgende Chemisorption leicht unterschätzt wird. Jedoch wurde unabhängig von der Chemisorptionsmethode eine lineare Abnahme der Gesamtedelmetalldispersion mit Erhöhung der Alterungstemperatur für die magere hydrothermale Alterung beobachtet. Außerdem konnte gezeigt werden, dass sich eine Vervierfachung der Alterungsdauer von 6 h auf 24 h kaum auf die katalytisch aktive Oberfläche auswirkt, während die Mager/Fett-Alterung die größte Dispersionsabnahme verursacht.

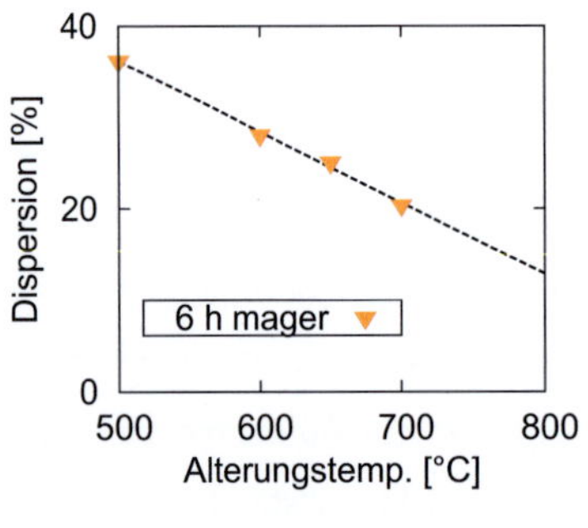

(a) CO-Chemisorption nach Maskierung

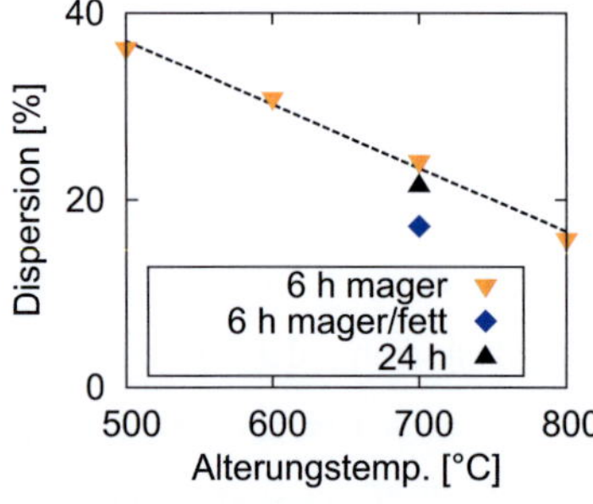

(b) CO-Chemisorption bei -78 °C

Abb. 6.8.: Einfluss der Alterungsbehandlung auf die Edelmetalldispersion des Serien-NSC.

Somit ist die Verringerung der Gesamtedelmetalldispersion infolge von Alterung als eine wichtige Ursache für die Abnahme der katalytischen Aktivität zu sehen, wobei der Effekt mit zunehmender Alterungstemperatur steigt. Außerdem ist zu erkennen, dass die Alterungsatmosphäre einen signifikanten Einfluss auf die Dispersionsabnahme hat. So ist der Rückgang der Edelmetalldispersion beim mager/fett-gealterten Katalysator deutlich ausgeprägter als bei den anderen Proben, weshalb sie in diesem Fall als eine wesentliche Ursache für die Aktivitätsabnahme angesehen werden muss. Im Gegensatz dazu scheint die Alterungsdauer die Reduzierung der Edelmetalldispersion nur begrenzt zu beeinflussen, da die Dispersionsabnahme bei der mageren hydrothermalen Alterung bei 700 °C bereits nach 6 h fast abgeschlossen zu sein scheint und eine Vervierfachung der Alterungsdauer auf 24 h keinen wesentlichen zusätzlichen Rückgang bewirkt.

6.4.3. Röntgendiffraktometrie

Aus der qualitativen Phasenanalyse des Röntgendiffraktogramms ist zu erkennen, dass Ceroxid, Aluminiumoxid und $BaCO_3$ die kristallinen Hauptkomponenten des Washcoats des Serien-NSCs darstellen (Abb. 6.9). Aufgrund ihrer geringen Konzentrationen sowie der kleinen Partikelgrößen konnten keine Reflexe den Edelmetallen Pd und Rh zugeordnet werden, für Pt ist lediglich beim NSC700MF ein minimales Signal zu erkennen. Dies lässt darauf schließen, dass auch Pt in den untersuchten Proben hochdispergiert vorliegt und die Pt-Partikelgröße unterhalb der Nachweisgrenze von ca. 5 nm liegt [112]. Nur für den mager/fett-gealterten NSC scheint die Partikelgröße für einen Teil des Platins ausreichend zu sein, um mittels Röntgendiffraktometrie nachgewiesen zu werden.

Während der Anteil an kristallinem $BaCO_3$ durch Variation der Alterungstemperatur bei 6-stündiger magerer Alterung kaum beeinflusst wird, bewirkt eine Verlängerung der Alterungsdauer von 6 h auf 24 h das vollständige Verschwinden der kristallinen $BaCO_3$-Phase. Auch die Mager/Fett-Alterung führt zu einer starken Abnahme der Kristallinität der Ba-Komponente. Der Zerfall von kristallinem $BaCO_3$ infolge thermischer Alterung stimmt mit den experimentellen Ergebnissen zahlreicher Autoren überein [42, 47, 48]. Da jedoch keine weiteren Reflexe gemessen wurden, die kristallinen Bariumverbindungen zuzuordnen sind, muss angenommen werden, dass die Alterungsbehandlungen in diesem Fall die Bildung von amorphen Bariumspezies begünstigen, die nicht mittels XRD detektierbar sind. Die Umwandlung von orthorhombischem $BaCO_3$ in amorphe Ba-Spezies ab 700 °C wurde auch von Luo et al. beobachtet, wobei die Autoren davon ausgehen, dass amorphes BaO oder $BaAl_2O_4$ gebildet wird [113]. Kristalline Mischoxide wurden hingegen unabhängig von der Alterungsbehandlung nicht beobachtet. Dieses Ergebnis stimmt mit der experimentellen Untersuchung von Casapu et al. überein, bei der die Bildung von $BaCeO_3$ erst bei Alterungstemperaturen > 800 °C beobachtet wurde und $BaAl_2O_4$ bei > 850 °C in Abwesenheit von H_2O [43]. Außerdem berichteten Roy et al. von der außergewöhnlichen Alterungsbeständigkeit eines Pt-Katalysators mit ähnlicher Washcoat-Zusammensetzung bis zu 800 °C [114].

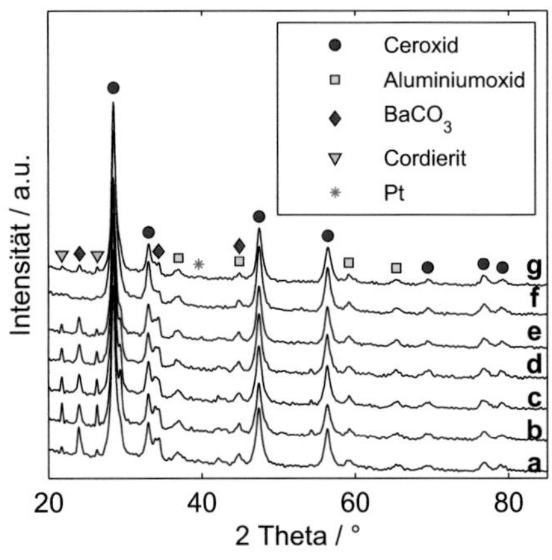

(a) qualitative Phasenanalyse

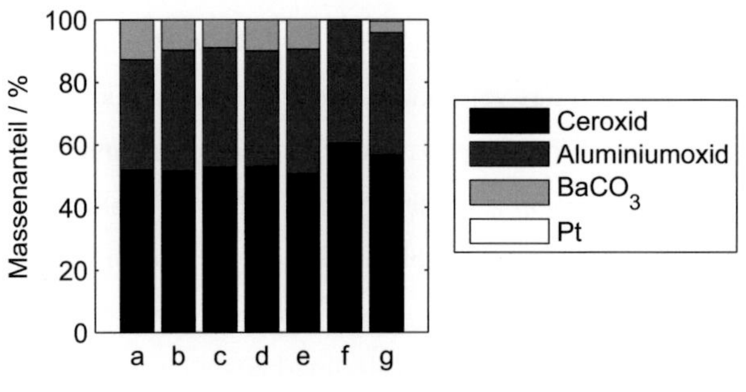

(b) quantitative Analyse

Abb. 6.9.: Röntgenbeugung am Serien-NSC: Qualitative und quantitative Phasenanalyse nach unterschiedlichen Alterungsbehandlungen. (a) NSC500, (b) NSC600, (c) NSC650, (d) NSC700, (e) NSC800, (f) NSC700_24h, (g) NSC700MF.

Die mit Hilfe des FPM-Modells ermittelten relativen Massenanteile der kristallinen Phasen sind in Abbildung 6.9 (a) dargestellt, die Kristallitgrößen nach Scherrer in Abbildung 6.10. Die Scherrer-Analyse ergab für Aluminiumoxid eine Kristallitgröße von 10 nm für alle Katalysatoren. Die durchschnittliche Kristallitgröße von Ceroxid hängt hingegen von den Alterungsbedingungen ab. Für Alterungstemperaturen bis zu 700 °C beträgt sie 16-17 nm, unabhängig von der Alterungsatmosphäre. Die magere hydrothermale Alterung bei 800 °C bewirkte ein beträchtliches Wachstum der Ceroxid-Kristallite auf 23

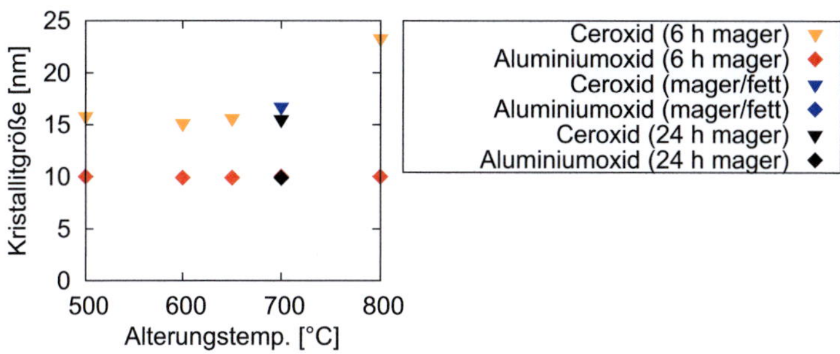

Abb. 6.10.: Kristallitgrößen aus der Scherrer-Analyse.

nm. Ein temperaturabhängiges Wachstum von Ceroxid-Kristalliten infolge thermischer Alterung wurde auch von Eberhardt et al. beobachtet [42]. Für die übrigen kristallinen Katalysatorkomponenten konnten die Kristallitgrößen nicht auf diese Weise bestimmt werden, da die durch die Kristallitgröße verursachte Linienverbreiterung geringer war als die instrumentelle Verbreiterung. Dies lässt darauf schließen, dass große $BaCO_3$-Kristallite ($\geq$ 100 nm) vorliegen.

Aufgrund der alterungsbedingten Veränderung der Bariumphase werden für die jeweiligen NSC-Proben Unterschiede in der NO_x-Speicherkapazität erwartet, wobei dieser Einfluss für die Proben NSC700MF und NSC700_24h am stärksten ausgeprägt sein dürfte. Da der NSC700MF der einzige Katalysator war, für den ein Pt-Reflex gemessen wurde, ist außerdem zu erwarten, dass die Alterung unter zyklischen Mager/Fett-Bedingungen zu einem stärkeren Pt-Partikelwachstum führt als magere hydrothermale Bedingungen. Dies wiederum wirkt sich entscheidend auf die katalytische Aktivität aus, wobei sowohl Oxidationsreaktionen als auch die NO_x- und O_2-Speicherung betroffen sind.

6.4.4. Elektronenmikroskopie

TEM und STEM-Messungen zeigten für Alterungen, die in magerer Atmosphäre durchgeführt wurden, keine bemerkenswerten Veränderungen hinsichtlich der Washcoat-Morphologie, wohingegen der mager/fett-gealterte NSC sich deutlich von den übrigen

Proben unterscheidet. Die Edelmetalle liegen nach magerer Alterung selbst bei hohen Alterungstemperaturen fein verteilt vor und der mittlere Durchmesser der Pt-Nanopartikel vergrößert sich nur von ca. 1 nm für den NSC500 auf ca. 2 nm für den NSC800 (Abb. 6.11). Weiterhin ist nach Auswertung der TEM-Abbildungen zu erkennen, dass die Vervierfachung der Alterungsdauer von 6 h auf 24 h zu keinem weiteren Partikelwachstum führt, woraus geschlossen werden kann, dass die Sinterung der Pt-Partikel bei magerer Alterung bei 700 °C nach 6 h bereits abgeschlossen ist (Abb. 6.12). Für die Alterung unter mageren hydrothermalen Bedingungen ist somit nur eine leichte Vergrößerung der Pt-Partikel mit steigender Alterungstemperatur zu verzeichnen, wohingegen die Alterungsdauer in diesem Fall keinen Einfluss auf die Partikelgröße hat. Diese Beobachtung stimmt mit den experimentellen Ergebnissen der CO-Chemisorption überein, die zeigten, dass die Edelmetalldispersion mit Erhöhung der Alterungstemperatur abnimmt, während der Einfluss der Alterungsdauer auf die katalytisch aktive Oberfläche vernachlässigbar ist (s. Abschnitt 6.4.2). Die hohe Stabilität der Pt-Nanopartikel unter oxidativen Bedingungen ist auf die starke Pt-O-Ce Wechselwirkung zurückzuführen, welche die Sinterung hochdisperser Partikel verhindert [115].

Die Mager/Fett-Alterung hingegen, führt zu einer deutlichen Partikelsinterung und einer breiten Pt-Partikelgrößenverteilung von 2-20 nm (Abb. 6.13), wobei der mittlere Durchmesser bei ca. 6 nm liegt. Ein Wachstum der Pt-Partikel wurde zwar auch bei den mager gealterten NSC-Proben festgestellt, jedoch in einem weitaus geringeren Ausmaß. Außerdem führte die Edelmetallsinterung hier nicht zu einer breiten Partikelgrößenverteilung. Dies legt nahe, dass für die zyklische Mager/Fett-Alterung und die magere Alterung unterschiedliche Sinterungsmechanismen vorliegen.

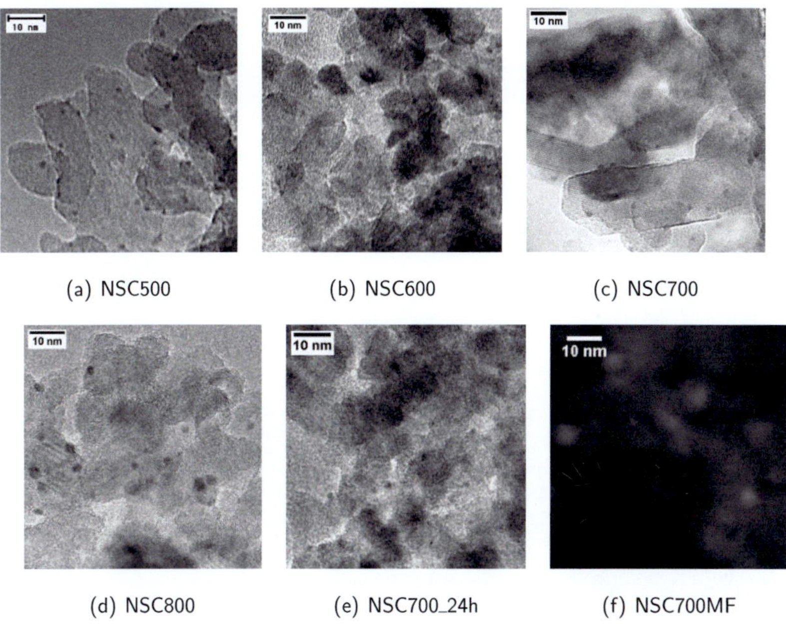

(a) NSC500 (b) NSC600 (c) NSC700

(d) NSC800 (e) NSC700_24h (f) NSC700MF

Abb. 6.11.: Pt-Partikel in TEM ((a)-(e), Hellfeldmodus) und STEM ((f), Dunkelfeldmodus) Abbildungen der gealterten NSC-Proben.

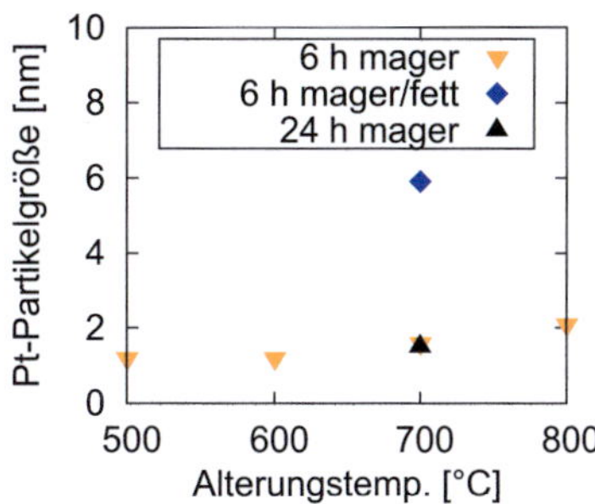

Abb. 6.12.: Durchschnittliche Pt-Partikelgröße der gealterten NSC-Proben.

STEM/EDX-Mapping (Abb. 6.14) offenbarte eine gleichmäßige Verteilung von Pt über den Washcoat selbst für den NSC800. Auch Ba und Al weisen eine gute örtliche Verteilung ihrer Konzentrationen auf. Ce liegt hingegen agglomeriert vor. Aufgrund der äußerst geringen Konzentration an Pd und Rh im Katalysator, war für diese Elemente kein STEM/EDX-Mapping möglich. EDX-Analyse ausgewählter Bereiche des NSC800 zeigte jedoch, dass Pd

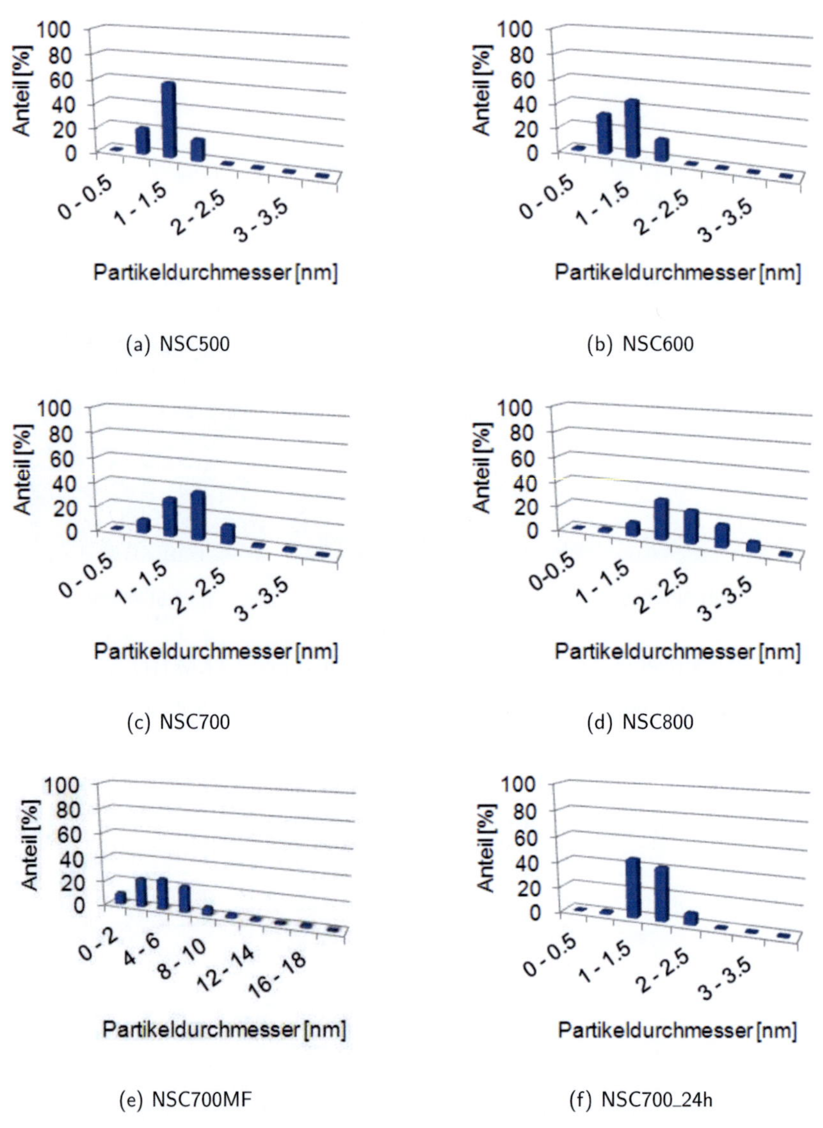

(a) NSC500

(b) NSC600

(c) NSC700

(d) NSC800

(e) NSC700MF

(f) NSC700_24h

Abb. 6.13.: Pt-Partikelgrößenverteilung aus der Analyse der TEM- und STEM-Abbildungen.

häufig in Form von Pt/Pd-Legierungspartikeln von ca. 20-30 nm Durchmesser vorkommt (Abb. 6.15).

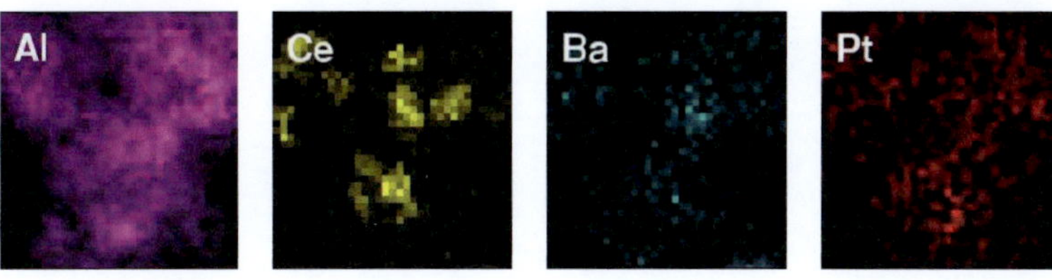

Abb. 6.14.: STEM/EDX-Mapping des NSC800 (76 nm x 80 nm).

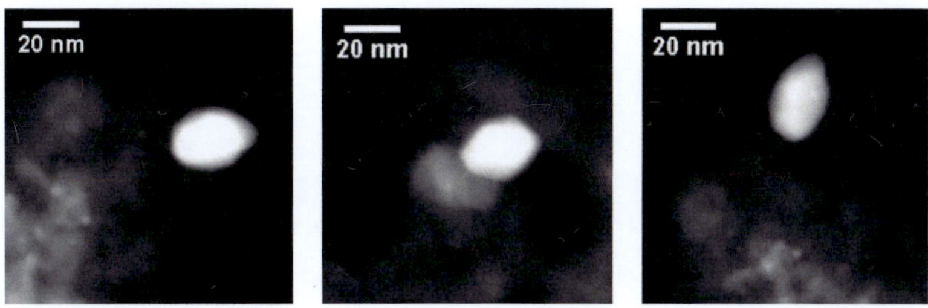

Abb. 6.15.: STEM-Abbildungen unterschiedlicher Pt/Pd-Legierungspartikel des NSC800
im Dunkelfeldmodus.

Ein weiterer Unterschied der Auswirkungen der Mager/Fett-Alterung zu den Folgen der mageren Alterung ist ein beträchtliches Wachstum der Ceroxid-Agglomerate. STEM/EDX-Mapping offenbarte, dass die Ceroxid-Agglomerate des NSC700MF eine breite Größenverteilung zwischen 30 nm und 800 nm aufweisen (Abb. 6.16), während ihre Durchmesser beim NSC800 zwischen 20 und 30 nm liegen. Weiterhin zeigte die Elektronenbeugung eine deutlich verringerte Kristallinität des Washcoats des mager/fett-gealterten NSCs als weiterer Unterschied zu den mager gealterten Proben auf.

Die Ergebnisse aus der Analyse der elektronenmikroskopischen Aufnahmen zeigen deutlich, dass eine Abnahme der katalytischen Aktivität aufgrund von Pt-Partikelwachstum zu erwarten ist, wobei der mager/fett-gealterte NSC am stärksten betroffen ist. Insbesondere ist mit einer verminderten Aktivität gegenüber Oxidationsreaktionen zu rechnen, was sich auch auf die NO_x-Speicherfähigkeit des Katalysators auswirkt, da diese entscheidend von der Kinetik der NO-Oxidation abhängig ist. Aufgrund der sehr geringen Größe der Edelmetallpartikel

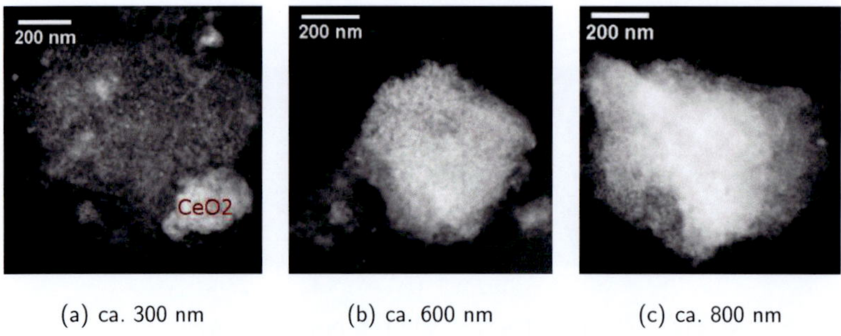

(a) ca. 300 nm   (b) ca. 600 nm   (c) ca. 800 nm

Abb. 6.16.: STEM-Aufnahmen von Ceroxidagglomeraten des NSC700MF im Dunkelfeldmodus.

(< 10 nm) ist außerdem eine Struktursensitivität nicht auszuschließen, wodurch eine Korrelierung der kinetischen Parameter mit der katalytisch aktiven Oberfläche erschwert wird.

Leider konnten keine Rh-Partikel identifiziert werden. Daraus lässt sich jedoch schließen, dass Rh unabhängig von der Alterungsbehandlung hochdispers auf dem Katalysator verbleibt und so geringe Partikelgrößen aufweist, dass Rh-Partikel selbst im hochauflösenden TEM nicht nachgewiesen werden konnten. Eine systematische experimentelle Untersuchung der Affinität von Edelmetall-Nanopartikeln zu einem CeO$_2$-Träger von Hosokawa et al. hat ergeben, dass die Stärke der Wechselwirkung in der Reihenfolge Rh $>$ Pd $>$ Pt abnimmt und die Rh-Dispersion aufgrund starker Rh-O-Ce-Wechselwirkungen sehr hoch bleibt, selbst nachdem der Katalysator hohen Temperaturen ausgesetzt worden ist [116]. Somit ist anzunehmen, dass auch im vorliegenden Fall die Dispersionsabnahme von Rh schwächer ausgeprägt ist als bei den beiden anderen Edelmetallkomponenten. Daraus lässt sich schließen, dass die Reduktionsreaktionen weniger stark vom alterungsbedingten Rückgang der katalytischen Aktivität betroffen sind als die Oxidationsreaktionen.

Beim mager/fett-gealterten NSC ist aufgrund des erheblichen Wachstums der Ceroxidagglomerate mit einem Rückgang der Sauerstoffspeicherkapazität zu rechnen, während derselbe Effekt beim NSC800 auf das Wachstum der Ceroxidkristallite zurückzuführen ist.

6.5. Ergebnisse der reaktionskinetischen Untersuchungen

6.5.1. CO- und Propen-Oxidation

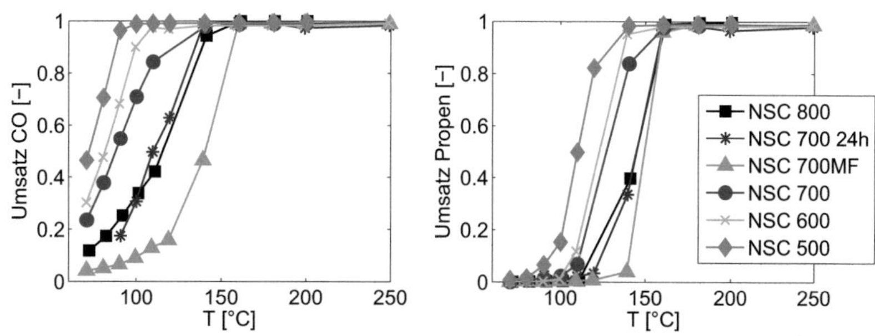

Abb. 6.17.: Gemessene CO- und Propen-Umsätze. Gaseinlauf: 100 ppm Propen, 800 ppm CO, 10 Vol.-% H_2O, 7 Vol.-% CO_2, 12 Vol.-% O_2 in N_2 [107, 108].

Bei den Messungen unter mageren, stationären Bedingungen stellte sich heraus, dass der Referenzkatalysator NSC500 eine sehr hohe Aktivität gegenüber der CO- und Propen-Oxidation aufweist. So zündet die CO-Oxidation unter den hier beschriebenen Bedingungen bereits bei einer Temperatur von ca. 70 °C und die Propen-Oxidation bei ca. 100 °C (Abb. 6.17). Erwartungsgemäß verschiebt sich die Zündung beider Reaktionen nach Katalysatoralterung zu höheren Temperaturen. Eine Vervierfachung der Alterungstemperatur von 6 auf 24 h bei 700 °C bewirkt eine weitere Verschiebung der CO-Light-Off Temperatur um 20 K auf das Niveau des NSC800. Dies deutet darauf hin, dass der Alterungsprozess nach 6 h noch nicht abgeschlossen ist. Der unter Mager/Fett-Wechsel gealterte NSC700MF weist ein besonders schlechtes Umsatzverhalten und sogar eine geringere Aktivität als die Katalysatorprobe auf, die unter mageren hydrothermalen Bedingungen bei 800 °C gealtert worden ist. Jedoch liegen die Light-Off Temperaturen selbst bei diesem Katalysator noch unter 150 °C.

Des Weiteren ist zu beobachten, dass die Unterschiede in den Zündtemperaturen für die Propen-Oxidation geringer ausfallen als für die CO-Oxidation, was auch in den Versuchen festgestellt wurde, bei denen nur einer der beiden untersuchten Edukte im Gaseinlass enthalten war [108]. Der verwendete NSC aus der Serienproduktion enthält sowohl Platin als auch Palladium als katalytisch aktive Komponenten für Oxidationsreaktionen, die teilweise auch als Legierungspartikel vorliegen. Es ist davon auszugehen, dass sich die Alterung unterschiedlich stark auf diese Komponenten auswirkt, wobei Platin alterungsbeständiger ist als Palladium [117]. So haben Untersuchungen des Einflusses der mageren Alterung auf die Konvertierung von Kohlenwasserstoffen ergeben, dass Pd-Katalysatoren eine deutliche Deaktivierung zeigen, wohingegen die Aktivität von Pt-Katalysatoren nahezu konstant bleibt [118]. Da Platin und Palladium unterschiedliche Aktivitäten gegenüber der CO- und der Propen-Oxidation aufweisen, sind die verschieden starken Auswirkungen der Alterungsbehandlungen auf die Edelmetallnanopartikel eine mögliche Ursache für die stärker ausgeprägte Alterungssensitivität der CO-Oxidation. Außerdem ist das Vorliegen von Struktursensitivität der Reaktionen aufgrund der sehr geringen Partikelgrößen möglich (s. Abschnitt 6.4), wobei die Struktursensitivität der Propen-Oxidation deutlich schwächer ausgeprägt ist als die der CO-Oxidation [119].

6.5.1.1. NO-Oxidation

In Abb. 6.18 ist der bei vollem NO$_x$-Speicher im Anschluss an die NO$_x$-Langzeitspeicherversuche ermittelte NO-Umsatz dargestellt. Es ist zu erkennen, dass bereits der Referenzkatalysator NSC500 eine niedrige Aktivität gegenüber der NO-Oxidation aufweist. Vorangegangene Arbeiten haben gezeigt, dass die Anwesenheit von Barium im Washcoat die katalytische Aktivität gegenüber der NO-Oxidation stark beeinträchtigt [120]. Zudem begünstigen basische Materialien wie BaCO$_3$ durch die Erhöhung der Elektronendichte des 5d-Bandes von Platin die reversible oxidative Deaktivierung des Edelmetalls [121].

Außerdem ist zu erkennen, dass die Aktivität der untersuchten Katalysatorproben gegenüber der NO-Oxidation im Gegensatz zur CO- und Propen-Oxidation nicht monoton mit dem Alterungsgrad abnimmt. So nimmt bei der sechsstündigen mageren Alterung die katalytische Aktivität gegenüber der NO-Oxidation zwar bis 700 °C mit der Alterungstemperatur

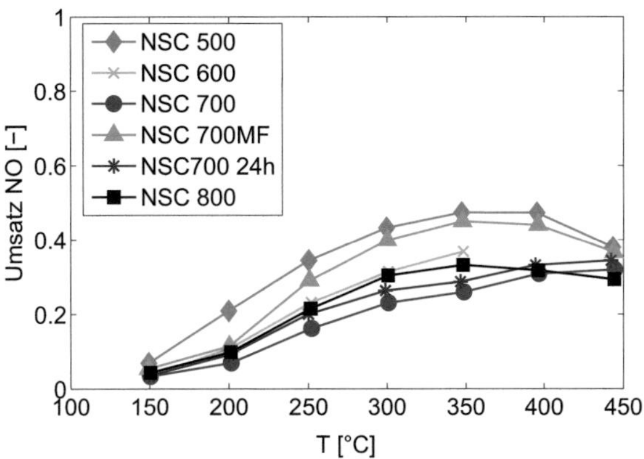

Abb. 6.18.: Im Anschluss an die NO_x-Langzeitspeicherversuche ermittelter NO-Umsatz. Gaseinlass: 420 Vol.-ppm NO, 12 Vol.-% O_2, 10 Vol.-% H_2O, 7 Vol.-% CO_2 in N_2 [107, 108].

ab, steigt jedoch bei einer Alterungstemperatur von 800 °C wieder an. Ebenso bewirkt die Vervierfachung der Alterungsdauer von 6 auf 24 h bei 700 °C eine Aktivitätssteigerung. Der mittels Mager/Fett-Zyklen gealterte Katalysator NSC700MF weist eine besonders hohe katalytische Aktivität gegenüber der NO-Oxidation auf, welche nur dem NSC500 unterlegen ist. Diese Beobachtungen sind zum einen auf die Struktursensitivität der NO-Oxidation zurückzuführen, zum anderen auf die Partikelgrößenabhängigkeit des Deaktivierungsgrades durch die Oxidation von Platin [122–128].

6.5.2. Sauerstoffspeicherung

In Abb. 6.19 ist die mittels NO_x-freien Mager/Fett-Wechseln experimentell bestimmte Menge an gespeichertem Sauerstoff für die verschieden gealterten Katalysatoren dargestellt. In dem betrachteten Temperaturbereich zwischen 150 und 450 °C kann die Sauerstoffspeicherkapazität aller untersuchten Katalysatoren als konstant angesehen werden.

Es ist ein deutlicher Rückgang der Speicherkapazität mit der Alterungstemperatur zu beobachten. Die 24 h lang gealterte Katalysatorprobe NSC700_24h und der im Mager/Fett-

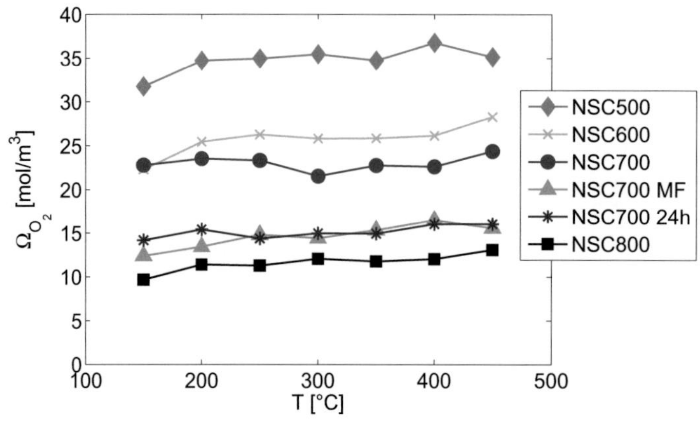

Abb. 6.19.: Gespeicherte Sauerstoffmenge Ω_{O_2} in mol Sauerstoff pro Kubikmeter
Katalysatorvolumen während OSC Mager/Fett-Wechsel Experimenten mit
2,1 % O_2 in der Magerphase und 2,1 % H_2 in der Fettphase [107, 108].

Wechsel Betrieb gealterte NSC700MF weisen eine ähnliche Speicherkapazität auf, die deutlich geringer ist als die des NSC700, jedoch höher ist als die des NSC800. Dies zeigt, dass der Einfluss der Alterungstemperatur in diesem Fall größer ist als der Einfluss der Alterungsdauer sowie der Alterungsatmosphäre.

6.5.3. NO$_x$-Speicherkapazität

Die bei den NO$_x$-Langzeitspeicherversuche gespeicherte Menge an Stickoxiden wurde durch Integration der Differenz aus der dosierten NO$_x$-Menge und dem NO$_x$-Schlupf am Reaktorende über die dreißigminütige Speicherzeit berechnet (Abb. 6.20 b). In Abb. 6.20 a sind die jeweiligen NO$_x$-Speicherkapazitäten der unterschiedlich gealterten NSC-Proben in Abhängigkeit von der Temperatur aufgetragen. Es ist zu erkennen, dass für alle Katalysatoren innerhalb der festgesetzten Speicherdauer bei einer Temperatur von 250 °C die größte Menge an NO$_x$ gespeichert wird. Bei Temperaturen unterhalb von 250 °C wird der Vorgang der Speicherung hingegen zum einen durch die Reaktionsgeschwindigkeit der NO-Oxidation beschränkt, zum anderen liegt eine Diffusionslimitierung vor [110, 129]. Bei höheren Temperaturen wird die NO$_x$-Speicherung durch den einsetzenden thermischen

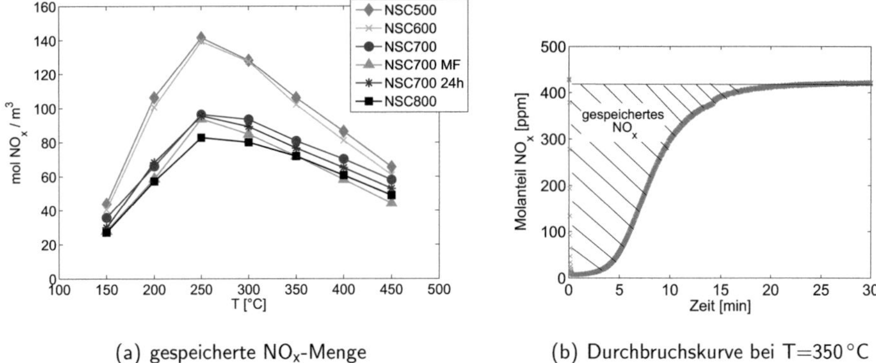

(a) gespeicherte NO$_x$-Menge (b) Durchbruchskurve bei T$=$350 °C

Abb. 6.20.: Während der NO$_x$-Langzeitspeicherversuche gespeicherte Menge an Stickoxiden in mol NO$_x$ pro Kubikmeter Katalysatorvolumen und NO$_x$-Durchbruchsverlauf bei 350 °C. Zulauf: 420 Vol.-ppm NO, 12 Vol.-% O$_2$, 10 Vol.-% H$_2$O, 7 Vol.-% CO$_2$ in N$_2$. Vorbehandlung: 10 min bei 450 °C mit 0,7 Vol.-% H$_2$, 1 Vol.-% CO, 10 Vol.-% H$_2$O, 7 Vol.-% CO$_2$ in N$_2$ [107, 108].

Zerfall von Oberflächennitraten begrenzt [129]. Die hohe NO$_x$-Speicherkapazität des untersuchten Serien-NSCs zwischen 200 und 350 °C ist zudem durch die Speicherung von NO$_x$ auf Ceroxid, die hauptsächlich in Form von Nitriten erfolgt, zusätzlich zur Bariumnitratbildung zu erklären [28, 130–132]. Eine potenzielle Speicherung von Stickoxiden auf dem Aluminiumoxidträger ist hingegen aufgrund der hohen Wasserkonzentration in Dieselabgasen vernachlässigbar [22].

Aus Abb. 6.20 a ist weiterhin zu erkennen, dass die Alterung des NSCs bei 600 °C sich kaum auf die NO$_x$-Speicherkapazität auswirkt, wohingegen bei einer weiteren Anhebung der Alterungstemperatur eine signifikante Verminderung der NO$_x$-Speicherfähigkeit zu verzeichnen ist. Zwischen 700 und 800 °C ist ein weiterer Rückgang der NO$_x$-Speicherkapazität zu beobachten, der jedoch erheblich geringer ausfällt als zwischen 600 und 700 °C. Analog zur Sauerstoffspeicherkapazität liegt die NO$_x$-Speicherfähigkeit des NSC700_24h im Bereich zwischen dem NSC700 und dem NSC800, ebenso die des NSC700MF bei Temperaturen zwischen 200 und 350 °C. Bei tieferen Temperaturen hingegen befindet sich die Speicherkapazität des NSC700MF auf dem Niveau des NSC800, bei höheren Temperaturen ist sie sogar niedriger.

6.6. Korrelationen zwischen Katalysatoraktivität und Katalysatoreigenschaften

Im Gegensatz zum Dieseloxidationskatalysator ist eine quantitative Korrelierung der katalytischen Aktivität und der Speicherkapazitäten mit den chemischen und physikalischen Eigenschaften für den NO$_x$-Speicherkatalysator aufgrund seiner erheblich höheren Komplexität nicht möglich. Die auf dem NO$_x$-Speicherkatalysator ablaufenden katalytischen Reaktionen, Speicherungs- und Regenerationsvorgänge sind sowohl voneinander als auch vom Zustand mehrer Katalysatorkomponenten abhängig, sodass eine Entkopplung der einzelnen Prozesse, die für eine quantitative Bestimmung von Struktur-Wirkungsbeziehungen notwendig wäre, nicht zu realisieren ist. Jedoch können die beobachteten Aktivitätsrückgänge infolge thermischer Alterung qualitativ erklärt werden, wobei die Charakterisierungsergebnisse offenbaren, dass stets mehrere Faktoren eine Rolle spielen. Im Folgenden werden die experimentell beobachteten Ursachen für die Aktivitätsveränderungen erläutert und diskutiert.

6.6.1. Einfluss der Edelmetalldispersion auf die CO- und Propenoxidation

Der alterungsbedingte Rückgang der katalytischen Aktivität gegenüber der CO- und Propenoxidation kann auf die Abnahme der zugänglichen katalytisch aktiven Edelmetalloberfläche zurückgeführt werden. Die bei allen Katalysatorproben beobachteten niedrigen Zündtemperaturen für die beiden untersuchten Oxidationsreaktionen stimmen mit den Ergebnissen der elektronenmikroskopischen Untersuchungen überein, die gezeigt haben, dass sehr kleine Platinpartikel vorliegen. Auch die Beobachtung, dass die Mager/Fett-Alterung in einer breiten Platin-Partikelgrößenverteilung und relativ großen Partikeldurchmessern resultiert, spiegelt sich im Umsatzverhalten des Katalysators wider.

Dass die mittels CO-Chemisorption gemessene Dispersion des NSC800 dennoch geringer ist als die des NSC700MF, ist zum einen darauf zurückzuführen, dass infolge magerer Alterung Adsorptionsplätze durch Verschließung kleinerer Poren unzugänglich werden, zum anderen ist durch die Chemisorption lediglich eine Bestimmung der Gesamtedelmetalldispersion möglich, sodass keine Unterscheidung zwischen Platin, Palladium und Rhodium getroffen werden konnte. Mit Hilfe der Transmissionselektronenmikroskopie hingegen, konnte aufgrund der geringen Konzentrationen und der hohen Dispersion von Palladium und Rhodium nur die Platinpartikelgrößenverteilung ermittelt werden. Außerdem wird in dieser Arbeit im Hinblick auf eine bessere Vergleichbarkeit mit der Literatur bei der Bestimmung der Dispersion mittels CO-Chemisorption von einer Adsorptionsstöchiometrie von 1:1 ausgegangen, obwohl diese in der Realität stark variieren kann und CO:Metall-Verhältnisse zwischen 1:1 bis 1:3 möglich sind (s. Abschnitt 3.2). Besonders für sehr kleine Partikel, wie sie in den untersuchten Katalysatoren vorliegen, existieren sehr wenige Untersuchungen. Geht man davon aus, dass CO auf den kleinen Platinpartikeln aufgrund der hohen Konzentration an Atomen mit niedriger Koordinationszahl nicht ausschließlich in linearer Form adsorbiert, sondern abhängig vom jeweiligen Adsorptionsplatz auch verbrückt oder überdacht, so ergeben sich deutlich höhere Werte für die Edelmetalldispersion, was eher den Ergebnissen der elektronenmikroskopischen Untersuchungen entspricht. Aufgrund der geringen Größenunterschiede der Platinpartikel kann angenommen werden, dass eine ähnliche Adsorptionsstöchiometrie für alle mager gealterten Katalysatorproben vorliegt und somit die ermittelten relativen Dispersionsänderungen infolge der Alterung auch bei Vorliegen eines anderen CO:Edelmetall-Verhältnisses als das angenommene, gelten. Jedoch ist nicht auszuschließen, dass der unter Mager/Fett-Wechsel gealterte NSC700MF eine abweichende Adsorptionsstöchiometrie aufweist, da in diesem Fall eine breite Partikelgrößenverteilung vorliegt und Platinpartikel mit bis zu 20 nm Durchmesser vorhanden sind, die eine signifikant unterschiedliche Verteilung von Adsorptionsplätzen besitzen als Partikel von 1-2 nm Durchmesser. Dies ist eine weitere potentielle Ursache dafür, dass die CO-Chemisorptionsmessungen unter Annahme einer Partikelgrößen unabhängigen Adsorptionsstöchiometrie für den NSC700MF eine etwas höhere Dispersion ergaben als für den NSC800, obwohl Letzterer deutlich geringere Platinpartikelgrößen aufweist.

Die experimentell ermittelte katalytische Aktivität der unterschiedlich gealterten NSC-Proben gegenüber der CO- und Propenoxidation können somit qualitativ mit den Ergebnissen der TEM- und STEM-Untersuchungen in Zusammenhang gebracht werden. Sowohl bei den kinetischen Untersuchungen als auch bei der Charakterisierung des Katalysators wurde festgestellt, dass die Alterung unter Mager/Fett-Wechsel sich erheblich stärker auswirkt als die hydrothermale Alterung unter mageren Bedingungen. Eine mögliche Ursache hierfür sind die Temperaturspitzen, die aufgrund der adiabatischen Temperaturerhöhung durch die Oxidation von CO und H_2 beim Phasenwechsel auftreten und lokal zu hohen Temperaturen im Katalysator führen können. Zudem hängen der Mechanismus und somit auch das Ausmaß der thermischen Edelmetallpartikelsinterung stark von der Gasatmosphäre ab. So kann die hohe Stabilität der Platinnanopartikel unter oxidativen Bedingungen auf eine starke Pt-O-Ce-Wechselwirkung zurückgeführt werden [115]. Eine quantitative Korrelierung ist nicht realisierbar, da zum einen die Anteile von Platin und Palladium an der Katalyse der beiden Oxidationsreaktionen nicht separiert werden können und zum anderen aufgrund der beobachteten kleinen Platinpartikel eine Struktursensitivität nicht auszuschließen ist.

6.6.2. Einfluss der Partikelgröße auf die NO-Oxidation

Die Aktivität des NSCs gegenüber der NO-Oxidation wird hauptsächlich durch Platin bestimmt [37]. Die experimentellen Ergebnisse der vorliegenden Arbeit bestätigen die Beobachtung von Xue et al., dass die Reaktionsgeschwindigkeit mit zunehmender Platinpartikelgröße steigt [122]. Die anfängliche Abnahme der Aktivität mit dem Alterungsgrad wird durch den Verlust an zugänglicher katalytisch aktiver Oberfläche aufgrund der Sinterung des Washcoats und der Edelmetallpartikel verursacht. Bei den stark gealterten Katalysatorproben NSC800, NSC700_24h und NSC700MF wird dieser Verlust jedoch teilweise durch Erhöhung der Wechselzahl, die durch die Struktursensitivität der Platinkatalysierten NO-Oxidation bedingt ist, überkompensiert. Die Abhängigkeit der Aktivität von der Partikelgröße ist besonders deutlich am Beispiel des unter zyklischen Mager/Fett-Bedingungen gealterten NSC700MF zu beobachten, der die größten Platinpartikel aller untersuchten Katalysatoren besitzt und nach dem Referenzkatalysator NSC500 die höchste Aktivität gegenüber der NO-Oxidation aufweist.

Neben der Struktursensitivität spielt auch die reversible Deaktivierung von Platin unter oxidativen Bedingungen eine Rolle [23, 121, 128, 133–136]. Vorangegangene experimentelle Untersuchungen haben ergeben, dass eine Abhängigkeit des Oxidationsgrades von der Partikelgröße besteht, wobei Ausmaß und Geschwindigkeit der oxidativen Deaktivierung von Platin für kleinere Partikel größer ist als für Partikel mit einem Durchmesser von über 2 nm [124–128]. Die Ursache hierfür könnte zum einen in dem größeren Oberfläche/Volumen-Verhältnis kleinerer Partikel und zum anderen in den unterschiedlichen Oberflächenstrukturen verschieden großer Platinpartikel liegen. Da die Oberflächen großer Platinpartikel eine hohe Konzentration an Atomen mit hoher Koordinationszahl aufweisen, ist ihre Oxidation erschwert [137]. So bilden beispielsweise Platinatome einer Pt(110)-Oberfläche stärkere Platin-Sauerstoff-Bindungen als die einer Pt(111)-Oberfläche, was auf ihre geringere Koordinationszahl zurückzuführen ist [138]. Die Ermittlung der Partikelgrößenverteilung aus den elektronenmikroskopischen Untersuchungen hat ergeben, dass die weniger schwer gealterten Katalysatoren NSC600 und NSC700 vorwiegend Platinpartikel enthalten, die einen Durchmesser von unter 2 nm aufweisen, sodass mit einem hohen Deaktivierungsgrad zu rechnen ist. Dies entspricht den experimentellen Ergebnissen der Umsatzmessungen. Der NSC700MF hingegen, weist eine breite Partikelgrößenverteilung auf, wobei nur ein Anteil von ca. 10 % der Platinpartikel einen Durchmesser besitzt, der kleiner als 2 nm ist. Daher ist in diesem Fall mit einem relativ geringen Ausmaß der oxidativen Platindeaktivierung zu rechnen, was sich in der experimentell ermittelten hohen katalytischen Aktivität des NSC700MF gegenüber der NO-Oxidation widerspiegelt.

6.6.3. Einflüsse der Katalysatoreigenschaften auf die Sauerstoffspeicherung

Aufgrund der hohen Beweglichkeit von Sauerstoff in Ceroxid wird die Sauerstoffspeicherkapazität bei zyklischen Mager/Fett-Wechseln durch die Kinetik der diffusionslimitierten Reduktion bestimmt [26]. Die Charakterisierungsergebnisse legen nahe, dass die alterungsbedingte Abnahme der Sauerstoffspeicherfähigkeit bei magerer Alterungsbehandlung durch die Abnahme der spezifischen Oberfläche und der Edelmetalldispersion bedingt ist. Zudem wird die besonders stark reduzierte Speicherfähigkeit des bei 800 °C gealterten NSC800 durch das Wachstum der Ceroxidkristallite, das mittels Scherrer-Analyse der Röntgendiffraktogramme emittelt wurde, verursacht. Beim mager/fett-gealterten NSC700MF wirkt sich zum einen die signifikant reduzierte Edelmetalldispersion und zum anderen das im Elektronenmikroskop beobachtete erhebliche Wachstum von Ceroxidagglomeraten negativ auf die Sauerstoffspeicherkinetik aus. Beide Ursachen führen zu einer Verringerung der Kontaktfläche zwischen den Edelmetallen und Ceroxid, die für die Mobilität von Sauerstoff und somit für die dynamische OSC des NO$_x$-Speicherkatalysators eine bedeutende Rolle spielt [139].

6.6.4. Einflüsse der Katalysatoreigenschaften auf die NO$_x$-Speicherung

Mittels quantitativer Phasenanalyse der Röntgendiffraktogramme konnte eine alterungsinduzierte Abnahme des Anteils an kristallinem BaCO$_3$ festgestellt werden, die beim mager/fett-gealterten NSC700MF und beim 24 h lang gealterten NSC700_24h besonders ausgeprägt ist. Da keine weiteren kristallinen Ba-Phasen identifiziert werden konnten, ist anzunehmen, dass die Alterung zur Bildung einer amorphen Barium-Phase führt, die mit einer Verminderung der NO_x-Speicherfähigkeit verbunden ist [52]. Als weitere Ursache für den Rückgang der NO_x-Speicherfähigkeit infolge thermischer Alterung ist die Abnahme der Edelmetalldispersion zu nennen, die mit einer Verringerung der Kontaktfläche zwischen Platin und der Bariumkomponente und somit einer Verminderung der NO_x-Spillovereffekte einhergeht [112, 140]. Von diesem Effekt sind alle im Rahmen der vorliegenden Arbeit untersuchten Katalysatoren betroffen. Bei den mager gealterten NSC-Proben ist zudem mit einer Reduzierung der zugänglichen Bariumoberfläche aufgrund verschlossener Washcoatporen zu rechnen.

Außerdem wirken sich die im vorangehenden Abschnitt erläuterten alterungsbedingten Veränderungen des Ceroxids nicht nur negativ auf die Sauerstoffspeicherfähigkeit des Katalysators aus, sondern beeinträchtigen aufgrund des NO_x-Speicherpotenzials von Ceroxid (s. Abschnitt 6.5.3) auch die NO_x-Speicherung. Analog zur Sauerstoffspeicherung weist der NSC800 bei Temperaturen bis zu 350 °C, bei denen neben der NO_x-Speicherung auf der Bariumkomponente die NO_x-Speicherung auf Ceroxid eine Rolle spielt, die niedrigste Speicherkapazität aller untersuchten Katalysatorproben auf. Bei Temperaturen oberhalb von 350 °C hingegen, bei denen nur noch die NO_x-Speicherung durch die Bariumkomponente maßgebend ist, übertrifft die Speicherfähigkeit des NSC800 die des NSC700MF, was mit der relativen Menge an kristallinem $BaCO_3$ übereinstimmt.

7. Zusammenfassung und Ausblick

Die Anforderung an Abgasnachbehandlungssysteme für Kraftfahrzeuge, die gesetzlichen Grenzwerte für Schadstoffemissionen über die gesamte Lebensdauer einzuhalten, erfordert Kenntnisse über das Alterungsverhalten der einzelnen Abgasnachbehandlungseinheiten. Ein fundiertes Verständnis der Katalysatoralterung trägt zudem zur Optimierung von Betriebsstrategien bei, was nicht nur eine Reduzierung des Kraftstoffverbrauchs und somit des CO_2-Ausstoßes ermöglicht, sondern auch eine Minimierung der benötigten Mengen an Katalysatormaterial. Das Ziel der vorliegenden Arbeit war es daher, zu einem besseren Verständnis der thermischen Alterung von Dieseloxidations- (DOC) und NO_x-Speicherkatalysatoren (NSC) beizutragen. Hierzu wird zum einen der Einfluss unterschiedlicher Alterungsbedingungen auf physikalische und chemische Eigenschaften sowie auf die Aktivität und Speicherfähigkeit der Katalysatoren untersucht, zum anderen werden Struktur-Wirkungsbeziehungen erörtert.

Der DOC ist im Abgasnachbehandlungsstrang von Dieselfahrzeugen in der Regel die erste Einheit hinter dem Motor und dient nicht nur zur Umsetzung von Kohlenwasserstoffen und CO zu CO_2 und H_2O, sondern auch dazu, ein ausreichend hohes NO_2/NO_x-Verhältnis für nachgeschaltete Autoabgaskatalysatoren bereitzustellen. Somit hat die Aktivität des DOCs einen starken Einfluss auf das gesamte Abgasnachbehandlungssystem. Hohe Anforderungen an die katalytische Aktivität und die Alterungsstabilität des Oxidationskatalysators ergeben sich aus den niedrigen Abgastemperaturen, die durch die Effizienz moderner Dieselmotoren bedingt sind. Beim NSC stellt aktuell die Vergiftung des NO_x-Speichers durch Sulfatbildung eine große technischer Herausforderung dar, weil der Katalysator aufgrund der erforderlichen Schwefelregeneration regelmäßig minutenlang hohen Temperaturen ausgesetzt wird. Die Alterung von NSCs wirkt sich direkt auf den Kraftstoffverbrauch aus, da die Frequenz der Fettphasen erhöht werden muss, die der Regeneration des NO_x-Speichers dienen.

7.1. Dieseloxidationskatalysator

Zur Untersuchung des Alterungsverhaltens von DOCs wurde ein kommerzieller Pt/Al_2O_3-Katalysator verwendet. Die katalytisch aktive Oberfläche und die katalytische Aktivität des Serien-DOCs wurden nach unterschiedlichen Alterungsbehandlungen ermittelt, wobei sowohl Alterungstemperatur (650-950 °C) und Alterungsdauer (0-96 h) als auch die Alterungsatmosphäre (N_2, Luft + 10 Vol.-% H_2O, simulierte magere Abgasmischung ohne NO_x, simulierte magere Abgasmischung mit NO_x) variiert wurden. Die katalytisch aktive Oberfläche, die der Platindispersion entspricht, wurde über eine dynamische Strömungsmethode mittels CO-Chemisorption bestimmt, während die Zündung (Light-Off) der CO-Oxidationsreaktion als Maß für die relative katalytische Aktivität diente. Dazu wurden an einem monolithischen Bohrkern CO-Light-Off-Messungen in einem Quarzglasrohrreaktor durchgeführt, wobei die Versuchsbedingungen so gewählt wurden, dass sie den Konditionen im realen Straßenbetrieb nahekommen.

Erwartungsgemäß nehmen sowohl die katalytisch aktive Oberfläche als auch die katalytische Aktivität mit zunehmender Alterungstemperatur und -dauer ab, wobei die größten Veränderungen in den ersten Stunden der Alterung zu verzeichnen sind. Weiterhin konnte festgestellt werden, dass höhere Alterungstemperaturen zu einer beschleunigten Katalysatordeaktivierung führen. Für alle drei untersuchten sauerstoffreichen Alterungsatmosphären wurden die gleichen Trends für die Veränderung der Dispersion und der CO-Light-Off-Temperatur in Abhängigkeit von der Alterungdauer und der Alterungstemperatur beobachtet. Es wurde eine lineare Zunahme der CO-Light-Off-Temperatur mit der Alterungstemperatur festgestellt. Zudem ist der Einfluss der Alterungstemperatur auf die katalytische Aktivität bei sehr langen Alterungszeiten stärker ausgeprägt. So wurde für die 96-stündigen Alterungsbehandlungen ein steilerer Anstieg der CO-Light-Off-Temperatur mit der Alterungsdauer beobachtet als es für kürzere Alterungszeiten der Fall ist. Trotz der gleichen Trends für alle untersuchten mageren Alterungsatmosphären wurden abhängig von der exakten Gaszusammensetzung geringfügige Unterschiede festgestellt. So ergaben die experimentellen Untersuchungen, dass die Auswirkungen der Alterung für diejenigen Proben am stärksten ausgeprägt sind, die in Luft + 10 Vol.-% H_2O gealtert worden sind, gefolgt von der Alterung in NO_x-freier magerer Atmosphäre, wohingegen die Anwesenheit von NO_x

die Sinterung der Platinpartikel und die damit einhergehende Katalysatordeaktivierung zu inhibieren scheint.

Für alle untersuchten mageren Alterungsatmosphären konnte eine eindeutige Korrelation zwischen katalytischer Aktivität und katalytisch aktiver Oberfläche festgestellt werden. Sie weist unabhängig von der Alterungstemperatur und der Alterungsdauer denselben Trend auf und zeigt einen annähernd exponentiellen Anstieg der CO-Light-Off-Temperatur mit abnehmender Dispersion. In Abhängigkeit von der exakten Zusammensetzung der sauerstoffreichen Alterungsatmosphäre sind lediglich geringfügige Unterschiede für den Zusammenhang zwischen diesen beiden charakteristischen Größen zu verzeichnen, die insbesondere im Bereich starker Alterung auftreten. So hat sich herausgestellt, dass für die Zündung der CO-Oxidation bei geringer Platindispersion an Katalysatoren, die in den beiden synthetischen mageren Abgasmischungen gealtert worden sind, höhere Temperaturen erforderlich sind als für die in Luft + 10 Vol.-% H_2O behandelten Proben. Besonders für die Alterung in Anwesenheit von NO_x reagiert die katalytische Aktivtät gegenüber der CO-Oxidation im Bereich starker Alterung sehr sensibel auf minimale Änderungen in der Dispersion. Diese Unterschiede werden darauf zurückgeführt, dass hier die Struktursensitivität der Platin-katalysierten CO-Oxidation eine Rolle spielt und die Partikelmorphologie des Edelmetalls von der Zusammensetzung der Alterungsatmosphäre abhängig ist.

Alterungsbehandlungen in reinem N_2 führten zu einem signifikant unterschiedlichen Verhalten. Zum einen ist festzuhalten, dass der Alterungseffekt deutlich schwächer ausgeprägt ist als bei Alterung in sauerstoffreicher Atmosphäre, zum anderen fällt der Einfluss der Edelmetalldispersion auf die katalytische Aktivität entscheidend geringer aus. So konnte selbst nach Halbierung der Dispersion keine bemerkenswerte Veränderung der katalytischen Aktivität beobachtet werden. Außerdem konnte keine eindeutige Korrelation zwischen diesen beiden Messgrößen festgestellt werden. Eine nähere Betrachtung der TPD-Spektren von CO und CO_2 aus den Dispersionsmessungen legt nahe, dass auch hier eine Struktursensitivität der Platin-katalysierten CO-Oxidation vorliegt und der Mechanismus der Edelmetallsinterung vom Sauerstoffgehalt der Alterungsatmosphäre abhängt, wobei die

Abwesenheit von Sauerstoff zu einer Partikelgrößenverteilung führt, die für die katalytische Aktivität gegenüber der CO-Oxidation günstiger ist als die Partikelmorphologie, die aus Alterungsbehandlungen in magerer Atmosphäre resultiert. Es wird vorgeschlagen, dass die Sinterung der Platinpartikel in N_2 nach dem Mechanismus der Kristallitmigration erfolgt, wohingegen in vorangegangenen wissenschaftlichen Arbeiten mittels in situ TEM bei magerer Gaszusammensetzung ein Ostwald Reifungsprozess beobachtet wurde.

Im der vorliegenden Arbeit wird außerdem ein mikrokinetisches Modell für die Platin-katalysierte CO-Oxidation in einem DOC vorgeschlagen, der zwei unterschiedliche Pfade für die Bildung von CO_2 beinhaltet. Der eine Weg beschreibt die CO_2-Bildung über die Reaktion von linear adsorbiertem Kohlenstoffmonoxid CO(Pt) mit atomar adsorbiertem Sauerstoff O(Pt) und repräsentiert den aktuell allgemein akzeptierten Reaktionspfad für die CO-Oxidation auf Pt, während die alternative Route, die über die Reaktion von CO(Pt) mit einer molekular adsorbierten Sauerstoffspezies O_2(Pt) führt, auf einem kürzlich vorgeschlagenen Reaktionsschema basiert. Die Entwicklung und Evaluation des Reaktionsmechanismus auf Grundlage der Mean-Field-Approximation, erfolgte anhand von numerischen Simulationen der durchgeführten CO-Light-Off-Experimente mit dem für die Modellierung reaktiver Strömungen ausgelegten Programmpaket DETCHEM. Darin werden Routinen zur Berechnung der Reaktionsgeschwindigkeiten von Oberflächen- und Gasphasenreaktionen mit numerischer Strömungssimulation gekoppelt. Für die Modellierung der Vorgänge in monolithischen Katalysatoren werden in dieser Arbeit die physikalischen und chemischen Prozesse in einem repräsentativen Kanal betrachtet. Die interne Massentransportlimitierung durch Diffusion im Washcoat wird durch die Anwendung des Effektivitätskoeffizientenmodells berücksichtigt. Für die Simulation der Verschiebung der CO-Light-Off-Temperatur nach magerer hydrothermaler Alterung wurde die experimentell gefundene Korrelation zwischen katalytischer Aktivität und katalytisch aktiver Oberfläche verwendet. Eine Reaktionsflussanalyse offenbarte, dass die jeweiligen Anteile der beiden beschriebenen Reaktionspfade an der CO_2-Bildung eine starke Abhängigkeit von der Platindispersion aufweisen. Während bei einer großen katalytischen Oberfläche die Reaktion von CO(Pt) mit atomar adsorbiertem O(Pt) den Hauptpfad der CO_2-Bildung darstellt, gewinnt die direkte Reaktion von CO(Pt) mit molekular adsorbiertem O_2(Pt) im

Falle niedriger Edelmetalldispersion und somit bei starker thermischer Katalysatoralterung an Bedeutung.

Zur weiteren Evaluierung des mikrokinetischen Modells wurden ortsaufgelöste Konzentrationsprofile von CO und CO_2 während der CO-Oxidation gemessen und mit den Simulationsergebnissen verglichen. Das vorgeschlagene mikrokinetische Modell ist in der Lage, die axialen Konzentrationsprofile qualitativ korrekt zu beschreiben. Für eine quantitative Aussage müssten zukünftig dreidimensionale CFD-Rechnungen durchgeführt werden, um den Einfluss der Kapillare, die der in situ-Probenentnahme im Monolithkanal dient, auf das Strömungsfeld und somit auf die experimentell ermittelten axialen Konzentrationsprofile zu berücksichtigen.

7.2. NO_x-Speicherkatalysator

Für ein besseres Verständnis des Alterungsverhaltens von NO_x-Speicherkatalysatoren wurde im Rahmen eines Forschungsprojektes in Kooperation mit dem Institut für Chemische Verfahrenstechnik der Universität Stuttgart der Einfluss unterschiedlicher Alterungsbedingungen auf physikalische und chemische Eigenschaften sowie Umsatz- und Speicherverhalten eines kommerziellen NSCs untersucht, welcher Platin, Palladium und Rhodium als Aktivkomponenten enthält sowie Barium und Cer-Zirkon-Oxid als Speicherkomponenten. Dazu wurden Katalysatorproben 6 h lang bei Temperaturen zwischen 500 und 800 °C in Luft und 10 Vol.-% H_2O gealtert. Zur Untersuchung des Einflusses der Alterungsdauer wurde eine weitere Probe bei 700 °C für 24 h statt 6 h unter ansonsten gleichen Bedingungen gealtert. Des Weiteren wurde zur Untersuchung des Einflusses der Alterungsatmosphäre ein Katalysator 6 h lang bei 700 °C unter adiabatischen Bedingungen Mager/Fett-Zyklen unterworfen. Anschließend wurde die Katalysatoraktivität durch reaktionskinetische Untersuchungen unter realitätsnahen Bedingungen in einem isothermen Flachbettreaktor ermittelt. Zur Identifikation von Struktur-Wirkungsbeziehungen wurden die Katalysatorproben außerdem mittels N_2-Physisorption, CO-Chemisorption, Röntgendiffraktometrie (XRD) und Elektronenmikroskopie physikalisch und chemisch charakterisiert.

7. Zusammenfassung und Ausblick

Die Untersuchungen im Flachbettreaktor haben ergeben, dass sich sowohl die Zündung der CO-Oxidation als auch die der Propen-Oxidation erwartungsgemäß mit zunehmendem Alterungsgrad zu höheren Temperaturen verschieben, wobei der unter Mager/Fett-Wechsel gealterte Katalysator ein besonders schlechtes Umsatzverhalten aufweist. Im Gegensatz dazu lässt sich die Aktivität des Katalysators gegenüber der NO-Oxidation nicht mit dem Alterungsgrad korrelieren, was auf die ausgeprägte Struktursensitivität der heterogen katalysierten NO-Oxidation zurückgeführt wird. So zeigten stärker gealterte Katalysatorproben eine höhere Aktivität gegenüber der NO-Oxidation als Katalysatoren, die bei relativ niedrigen Temperaturen gealtert worden sind. Im Gegensatz zur CO- und Propen-Oxidation weist in diesem Fall die im Mager/Fett-Wechsel-Betrieb gealterte Probe eine besonders hohe katalytische Aktivität auf. Bei der Untersuchung der Auswirkungen der Alterung auf die Sauerstoffspeicherung hat sich herausgestellt, dass die Abnahme der dynamischen Speicherkapazität hauptsächlich auf den Einfluss der Alterungstemperatur zurückzuführen ist, wohingegen Alterungsdauer und Alterungsatmosphäre eine untergeordnete Rolle spielen. Für die NO_x-Speicherung ist zwischen einer Alterungstemperatur von 600 und 700 °C der signifikanteste Rückgang der Speicherkapazität zu verzeichnen.

Die Ergebnisse der Charakterisierung zeigen, dass die alterungsbedingten Veränderungen der physikalischen und chemischen Eigenschaften des Katalysators stark von der Alterungsatmosphäre abhängig sind, wohingegen die Variation der Alterungsdauer zu keinem grundlegend verschiedenen Alterungsverhalten führt. Der Verschluss kleiner Poren des Washcoats und somit die Verminderung der spezifischen Oberfläche konnte als eine Hauptursache für den Rückgang der katalytischen Aktivität und der Speicherkapazität infolge von magerer hydrothermaler Alterung identifiziert werden. Im Gegensatz dazu spielt dieser Effekt bei dem im Mager/Fett-Wechsel-Betrieb gealterten Katalysator keine Rolle. Weitaus bedeutender für die Aktivitätsabnahme nach Mager/Fett-Alterung ist hingegen das signifikante Wachstum der Pt-Partikel, das bei den mager gealterten Proben in einem weitaus geringeren Ausmaß zu beobachten war. Dispersionsmessungen mittels CO-Chemisorption und die Auswertung von elektronenmikroskopischen Abbildungen haben gezeigt, dass die katalytisch aktive Oberfläche für die magere hydrothermale Alterung linear mit zunehmender Alterungstemperatur abnimmt, wobei der durchschnittliche Platinpartikeldurchmesser selbst nach Alterung bei 800 °C lediglich von 1 auf 2 nm ansteigt. Während sich eine Vervierfachung der Alterungsdauer kaum auf die Edelmetalldispersion auswirkt, konnte für den mager/fett-gealterten Katalysator mittels elektronenmikroskopischer Untersuchungen eine deutliche Zunahme des durchschnittlichen Platinpartikeldurchmessers von 1 nm auf 6 nm sowie eine signifikante Verbreiterung der Partikelgrößenverteilung nachgewiesen werden. Die Abnahme der katalytisch aktiven Oberfläche ist somit nach Mager/Fett-Alterung ausschließlich auf die thermische Sinterung der Edelmetallpartikel zurückzuführen. Im Gegensatz dazu tragen bei den mager gealterten NSC-Proben sowohl Partikelwachstum als auch die Sinterung des Washcoats zur Dispersionsabnahme bei.

Die alterungsbedingte Abnahme der katalytischen Aktivität gegenüber der CO- und Propenoxidation wird auf den beobachteten Rückgang der Edelmetalldispersion zurückgeführt. Die Feststellung, dass der unter Mager/Fett-Wechsel gealterte Katalysator ein besonders schlechtes Umsatzverhalten aufweist, stimmt mit den Charakterisierungsergebnissen überein, die für diese Probe ein ausgeprägtes Partikelwachstum gezeigt haben. Ebenso konnte die außergewöhnlich hohe katalytische Aktivität dieser Katalysatorprobe gegenüber der NO-Oxidation auf die Struktursensitivität der Platin-katalysierten NO-Oxidation zurückgeführt werden, die sich darin äußert, dass die Reaktionsgeschwindigkeit mit zunehmender Platinpartikelgröße steigt.

Bei den Speicherkomponenten wurden erst bei stärkerer Alterung Veränderungen beobachtet. So wurde für Ceroxid lediglich nach Alterung bei 800 °C ein Wachstum der Kristallite festgestellt. Beim mager/fett-gealterten NSC hingegen, konnte der beobachtete Rückgang der Sauerstoffspeicherkapazität auf ein signifikantes Wachstum der Ceroxidagglomerate zurückgeführt werden. Beide Ursachen führen zu einer Verringerung der Kontaktfläche zwischen Pt und CeO_2, die für die Mobilität von Sauerstoff und somit für die dynamische OSC des NO$_x$-Speicherkatalysators eine bedeutende Rolle spielt. Die beobachtete Verschlechterung der NO$_x$-Speicherfähigkeit durch die Katalysatoralterung konnte auf die Abnahme des Anteils an kristallinem $BaCO_3$ zurückgeführt werden, die nach 24-stündiger Alterung und für die unter zyklischen Mager/Fett-Bedingungen gealterte Probe am stärksten ausgeprägt ist. Da keine weiteren kristallinen Ba-Phasen identifiziert werden konnten, ist anzunehmen, dass die Alterung zur Bildung einer amorphen Barium-Phase führt, die mit einer Verminderung der NO_x-Speicherfähigkeit verbunden ist. Als weitere Ursache für den Rückgang der NO_x-Speicherfähigkeit infolge thermischer Alterung ist die Abnahme der Edelmetalldispersion zu nennen, die mit einer Verringerung der Kontaktfläche zwischen Platin und der Bariumkomponente und somit einer Verminderung der NO_x-Spillovereffekte einhergeht. Darüber hinaus ist zu beachten, dass sich die alterungsbedingten Veränderungen des Ceroxids nicht nur negativ auf die Sauerstoffspeicherfähigkeit des Katalysators auswirken, sondern aufgrund des NO_x-Speicherpotenzials von Ceroxid auch die NO_x-Speicherung beeinträchtigen.

7.3. Ausblick

Die Ergebnisse der vorliegenden Arbeit zeigen deutlich, dass das Alterungsverhalten von Dieseloxidations- und NO_x-Speicherkatalysatoren sowohl hinsichtlich der Katalysatoraktivität als auch der physikalischen und chemischen Eigenschaften stark von der Alterungsatmosphäre abhängig ist. Außerdem ist die Struktursensitivität heterogen katalysierter Reaktionen bei der Voraussage des Umsatzverhaltens zu berücksichtigen. Für die Weiterführung der Arbeiten bietet sich somit eine eingehende Untersuchung des Einflusses der Alterungsatmosphäre auf die strukturellen Veränderungen während der Katalysatoralterung an. Weiterhin sind Forschungsaktivitäten zielführend, die zu einem besseren Verständnis der Ursachen der Struktursensitivität beitragen. Um ein fundiertes Verständnis von Struktur-Wirkungsbeziehungen in der heterogenen Katalyse zu erlangen, ist der Einsatz von in situ-Charakterisierungsmethoden neben den in dieser Arbeit verwendeten ex situ-Methoden zu empfehlen.

Während die thermische Sinterung von Platinnanopartikeln in sauerstoffreicher Atmosphäre in vorangegangenen Arbeiten im in situ-TEM beobachtet worden ist, ist der Sinterungsmechanismus in reduzierender und inerter Atmosphäre nicht ausreichend erforscht. Da die experimentellen Ergebnisse dieser Arbeit darauf hinweisen, dass der Mechanismus der Pt-Partikelsinterung vom Sauerstoffgehalt der Alterungsatmosphäre abhängig ist, könnten weiterführende Untersuchungen mittels in situ-TEM zur Klärung des Einflusses der Gaszusammensetzung auf den Sinterungsmechanismus von Edelmetallnanopartikeln beitragen. Außerdem könnte auf diese Weise überprüft werden, inwiefern sich unterschiedliche Sinterungsmechanismen bei einer gegebenen Alterungstemperatur und -dauer auf die Partikelgrößenverteilung auswirkt. Eine solche Untersuchung würde es auch ermöglichen, zukünftig mehr Informationen aus der ex situ-Charakterisierung von Katalysatoren zu gewinnen.

Zudem ist die zur Alterung verwendete Gaszusammensetzung ein wichtiger Parameter für die Anpassung von beschleunigten Alterungsprotokollen. Nur wenn es gelingt, die physikalischen und chemischen Eigenschaften von Katalysatoren durch gezielte Alterungsprotokolle derart zu modifizieren, dass sie den Eigenschaften von Katalysatoren nahekommen, die im realen Straßenbetrieb gealtert worden sind, wird es zukünftig möglich sein, auf aufwendige On-road-Tests zu verzichten. Hier kann die detaillierte Charakterisierung von Katalysatoren zum einen dazu beitragen, die strukturellen Eigenschaften von Autoabgaskatalysatoren aufzuklären, die im realen Straßenbetrieb gealtert worden sind, zum anderen ermöglicht es, die Zusammensetzung synthetischer Gasmischungen für die Alterung im Labor zu optimieren.

Die Anpassung numerischer Modelle für die Simulation des Verhaltens gealterter Autoabgaskatalysatoren mittels der empirischen Korrelation von Zündtemperatur und katalytisch aktiver Oberfläche ist nur anwendbar, wenn keine Struktursensitivität vorliegt. Die dynamische Simulation heterogen katalysierter struktursensitiver Reaktionen mittels der in dieser Arbeit angewendeten Mean-Field-Approximation kann dadurch realisiert werden, dass die Anpassung der Aktivierungsenergien der elementaren Reaktionsschritte aufgrund von strukturellen Veränderungen der Katalysatoroberfläche ermöglicht wird. Die Berücksichtigung der Struktursensitivität ist insbesondere für Reaktionen von Bedeutung, bei denen reversible Veränderungen des Katalysatorzustandes auf einer kurzen Zeitskala ablaufen und die Reaktionsgeschwindigkeit beeinflussen. Dies ist bei Adsorbat induzierten Restrukturierungen der Katalysatoroberfläche und bei Veränderungen des Oxidationszustandes katalytisch aktiver Komponenten der Fall. Ein bekanntes Beispiel hierfür ist die Platin-katalysierte NO-Oxidation unter Bedingungen, die für die Autoabgaskatalyse relevant sind.

Zudem erfordert eine transiente Simulation struktursensitiver Reaktionen, die auf physikalisch und chemisch fundierten Modellen basiert, ein besseres Verständnis der Struktur-Wirkungsbeziehungen. Die in situ-Charakterisierung von Autoabgaskatalysatoren unter realitätsnahen Bedingungen stellt hiefür ein mächtiges Werkzeug dar, da es ermöglicht, die Nachteile von ex-situ Oberflächencharakterisierungsmethoden, die hauptsächlich in der Druck- und Materiallücke liegen, zu überwinden. Beispielsweise beinhaltet die Anwendung von in situ-Röntgenphotoelektronenspektroskopie und in situ-Röntgenabsorptionsspektroskopie das Potenzial, Ursache und Kinetik der Autoinhibierung der Platin-katalysierten NO-Oxidation aufzuklären.

Es ist zu überprüfen, ob das in der vorliegenden Arbeit vorgeschlagene mikrokinetische Modell für die CO-Oxidation am DOC auch für andere Systeme gilt, in denen Platin als Katalysator fungiert. Weiterhin kann mittels dreidimensionaler CFD-Simulationen, in denen der Einfluss der Kapillare, die zur in situ-Probenentnahme im Monolithkanal verwendet wird, auf das Strömungsfeld berücksichtigt wird, ein quantitativer Vergleich der experimentell ermittelten und simulierten axialen Konzentrationsprofile während der CO-Oxidation ermöglicht werden, wenn im experimentellen Aufbau eine genaue Kontrolle der Position der Kapillare realisiert wird.

Eine weitere Möglichkeit zur Weiterführung der Arbeiten bietet die Untersuchung der thermischen Alterung von Pt/Pd-DOCs, die heute vermehrt an Stelle der Pt-DOCs eingesetzt werden. Aufgrund der volatilen Marktpreise von Edelmetallen werden Katalysatoren mit unterschiedlichen Pt- und Pd-Anteilen produziert. Für die Optimierung der Katalysatorformulierung und von Betriebstrategien ist eine detaillierte Untersuchung der Auswirkung dieser Anteile auf die katalytische Aktivität und das Alterungsverhalten erforderlich.

Literaturverzeichnis

[1] Deutschmann, O.; Grunwaldt, J.-D. *Abgasnachbehandlung in mobilen Systemen: Stand der Technik, Herausforderungen und Perspektiven*, Chemie Ingenieur Technik **2013**, *85*(5), 595–617.

[2] Votsmeier, M.; Kreuzer, T.; Gieshoff, J.; Lepperhoff, G. *Automobile Exhaust Control* In *Ullmann's Encyclopedia of Industrial Chemistry;* Wiley-VCH Verlag GmbH & Co. KGaA: Weinheim, 2012; 407–424.

[3] Umweltbundesamt. *Future Diesel - Exhaust gas legislation for passenger cars, light-duty commercial vehicles, and heavy duty vehicles*, Berlin, **2003**.

[4] Verordnung (EG) Nr. 715/2007.

[5] Bundesanstalt für Geowissenschaften und Rohstoffe. http://www.bgr.bund.de/DE/Home/homepage_node.html, Oktober 2013.

[6] Bundeszentrale für Politische Bildung. http://www.bpb.de/, Oktober 2013.

[7] International Energy Agency. *CO$_2$ Emissions from Fuel Combustion - Highlights*, **2012**.

[8] AG Energiebilanzen e.V.. http://www.ag-energiebilanzen.de/, Oktober 2013.

[9] European Environment Agency. http://www.eea.europa.eu/, Oktober 2013.

[10] Chatterjee, D.; Schmeißer, V.; Frey, M.; Weibel, M. *Perspectives of the Automotive Industry on the Modeling of Exhaust Gas Aftertreatment Catalysts* In *Modeling and Simulation of Heterogeneous Catalytic Reactions;* Deutschmann, O., Ed.; Wiley-VCH Verlag GmbH & Co. KGaA: Weinheim, 2011; 303–343.

[11] Koltsakis, G. C.; Konstantinidis, P. A.; Stamatelos, A. M. *Development and application range of mathematical models for 3-way catalytic converters*, Applied Catalysis B-Environmental **1997**, *12*(2-3), 161–191.

[12] Grunwaldt, J.-D.; Schroer, C. G. *Hard and soft X-ray microscopy and tomography in catalysis: bridging the different time and length scales*, Chem. Soc. Rev. **2010**, *39*, 4741–4753.

[13] Merker, G. P.; Schwarz, C.; Teichmann, R. *Schadstoffbildung* In *Grundlagen Verbrennungsmotoren*; Merker, G. P., Schwarz, C., Teichmann, R., Eds.; Vieweg+Teubner Verlag: Wiesbaden, 2012; 259–286; 6. Auflage.

[14] Kappler, C. *Untersuchungen komplexbildender bimolekularer Reaktionen in der Gasphase mit laserspektroskopischen Methoden und statistischer Reaktionstheorie*, Dissertation, Fakultät für Chemie und Biowissenschaften, Karlsruher Institut für Technologie, **2010**.

[15] Burch, R.; Daniells, S. T.; Hu, P. *N_2O and NO_2 formation on Pt(111): A density functional theory study*, Journal of Chemical Physics **2002**, *117*(6), 2902–2908.

[16] Twigg, M. V. *Progress and future challenges in controlling automotive exhaust gas emissions*, Applied Catalysis B-Environmental **2007**, *70*(1-4), 2–15.

[17] Gieshoff, J. *Der Autoabgaskatalysator: Zusammensetzung, Herstellung, Testverfahren und Entwicklungstendenzen* In *Autoabgaskatalysatoren*; Hagelüken, C., Ed.; Expert Verlag: Renningen, 2005; 47–113; 2. Auflage.

[18] Mladenov, N. M. *Modellierung von Autoabgaskatalysatoren*, Dissertation, Fakultät für Maschinenbau, Karlsruher Institut für Technologie, **2009**.

[19] Tilgner, I.-C. *Katalysatorträger und Dieselpartikelfilter : Schlüssel zur Abgasnachbehandlung* In *Autoabgaskatalysatoren*; Hagelüken, C., Ed.; Expert-Verlag: Renningen, 2005; 27–46; 2. Auflage.

[20] Yoshida, H.; Yazawa, Y.; Takagi, N.; Satsuma, A.; Tanaka, T.; Yoshida, S.; Hattori, T. *XANES study of the support effect on the state of platinum catalysts*, Journal of Synchrotron Radiation **1999**, *6*, 471–473.

[21] Schmidt, J.; Leyrer, J.; Müller, W. *Katalysatoreinsatz im Fahrzeugbetrieb* In *Autoabgaskatalysatoren*; Hagelüken, C., Ed.; Expert Verlag: Renningen, 2005; 225–264; 2. Auflage.

[22] Epling, W. S.; Campbell, L. E.; Yezerets, A.; Currier, N. W.; Parks, J. E. *Overview of the fundamental reactions and degradation mechanisms of NO_x storage/reduction catalysts*, Catalysis Reviews-Science and Engineering **2004**, *46*(2), 163–245.

[23] Despres, J.; Elsener, M.; Koebel, M.; Krocher, O.; Schnyder, B.; Wokaun, A. *Catalytic oxidation of nitrogen monoxide over Pt/SiO$_2$*, Applied Catalysis B-Environmental **2004**, *50*(2), 73–82.

[24] Nova, I.; Castoldi, L.; Lietti, L.; Tronconi, E.; Forzatti, P. *On the dynamic behavior of NO$_x$-storage/reduction Pt-Ba/Al$_2$O$_3$ catalyst*, Catalysis Today **2002**, *75*(1-4), 431–437.

[25] Bowker, M. *Automotive catalysis studied by surface science*, Chemical Society Reviews **2008**, *37*(10), 2204–2211.

[26] Trovarelli, A. *Catalytic properties of ceria and CeO$_2$-containing materials*, Catalysis Reviews-Science and Engineering **1996**, *38*(4), 439–520.

[27] Philipp, S.; Drochner, A.; Kunert, J.; Vogel, H.; Theis, J.; Lox, E. S. *Investigation of NO adsorption and NO/O$_2$ co-adsorption on NO$_x$-storage-components by DRIFT-spectroscopy*, Topics in Catalysis **2004**, *30-1*(1-4), 235–238.

[28] Ji, Y. Y.; Choi, J. S.; Toops, T. J.; Crocker, M.; Naseri, M. *Influence of ceria on the NO$_x$ storage/reduction behavior of lean NO$_x$ trap catalysts*, Catalysis Today **2008**, *136*(1-2), 146–155.

[29] Neyestanaki, A. K.; Klingstedt, F.; Salmi, T.; Murzin, D. Y. *Deactivation of postcombustion catalysts, a review*, Fuel **2004**, *83*(4-5), 395–408.

[30] Russell, A.; Epling, W. S. *Diesel Oxidation Catalysts*, Catalysis Reviews **2011**, *53*(4), 337–423.

[31] Winkler, A.; Ferri, D.; Aguirre, M. *The influence of chemical and thermal aging on the catalytic activity of a monolithic diesel oxidation catalyst*, Applied Catalysis B-Environmental **2009**, *93*(1-2), 177–184.

[32] Heck, R. M.; Farrauto, R. J.; Gulati, S. T. *Catalyst Deactivation* In *Catalytic Air Pollution Control;* John Wiley & Sons, Inc.: New York, 2009; 79–99.

[33] Wanke, S. E.; Flynn, P. C. *Sintering of supported metal-catalysts*, Catalysis Reviews-Science and Engineering **1975**, *12*(1), 92–135.

[34] Simonsen, S. B.; Chorkendorff, I.; Dahl, S.; Skoglundh, M.; Sehested, J.; Helveg, S. *Direct Observations of Oxygen-induced Platinum Nanoparticle Ripening Studied by In Situ TEM*, Journal of the American Chemical Society **2010**, *132*(23), 7968–7975.

[35] Lööf, P.; Stenbom, B.; Norden, H.; Kasemo, B. *Rapid Sintering in NO of nanometer-sized Pt particles on gamma-Al$_2$O$_3$ observed by CO temperature-programmed desorption and transmission electron-microscopy*, Journal of Catalysis **1993**, *144*(1), 60–76.

[36] Graham, G. W.; Jen, H. W.; Ezekoye, O.; Kudla, R. J.; Chun, W.; Pan, X. Q.; McCabe, R. W. *Effect of alloy composition on dispersion stability and catalytic activity for NO oxidation over alumina-supported Pt-Pd catalysts*, Catalysis Letters **2007**, *116*(1-2), 1–8.

[37] Kaneeda, M.; Iizuka, H.; Hiratsuka, T.; Shinotsuka, N.; Arai, M. *Improvement of thermal stability of NO oxidation Pt/Al$_2$O$_3$ catalyst by addition of Pd*, Applied Catalysis B-Environmental **2009**, *90*(3-4), 564–569.

[38] Haaß, F.; Fuess, H. *Structural Characterization of Automotive Catalysts*, Advanced Engineering Materials **2005**, *7*(10), 899–913.

[39] Bartholomew, C. H. *Sintering kinetics of supported metals - new perspectives from a unifying GPLE treatment*, Applied Catalysis a-General **1993**, *107*(1), 1–57.

[40] Suhonen, S.; Valden, M.; Hietikko, M.; Laitinen, R.; Savimaki, A.; Harkonen, M. *Effect of Ce-Zr mixed oxides on the chemical state of Rh in alumina supported automotive exhaust catalysts studied by XPS and XRD*, Applied Catalysis a-General **2001**, *218*(1-2), 151–160.

[41] Toops, T. J.; Bunting, B. G.; Nguyen, K.; Gopinath, A. *Effect of engine-based thermal aging on surface morphology and performance of Lean NO$_x$ traps*, Catalysis Today **2007**, *123*(1-4), 285–292.

[42] Eberhardt, M.; Riedel, R.; Gobel, U.; Theis, J.; Lox, E. S. *Fundamental investigations of thermal aging phenomena of model NO$_x$ storage systems*, Topics in Catalysis **2004**, *30-1*(1-4), 135–142.

[43] Casapu, M.; Grunwaldt, J. D.; Maciejewski, M.; Wittrock, M.; Gobel, U.; Baiker, A. *Formation and stability of barium aluminate and cerate in NO$_x$ storage-reduction catalysts*, Applied Catalysis B-Environmental **2006**, *63*(3-4), 232–242.

[44] Graham, G. W.; Jen, H. W.; Chun, W.; Sun, H. P.; Pan, X. Q.; McCabe, R. W. *Coarsening of Pt particles in a model NO$_x$ trap*, Catalysis Letters **2004**, *93*(3-4), 129–134.

[45] Szailer, T.; Kwak, J. H.; Kim, D. H.; Szanyi, J.; Wang, C. M.; Peden, C. H. F. *Effects of Ba loading and calcination temperature on BaAl$_2$O$_4$ formation for BaO/Al$_2$O$_3$ NO$_x$ storage and reduction catalysts*, Catalysis Today **2006**, *114*(1), 86–93.

[46] Roy, S.; Baiker, A. *NO$_x$ Storage-Reduction Catalysis: From Mechanism and Materials Properties to Storage-Reduction Performance*, Chemical Reviews **2009**, *109*(9), 4054–4091.

[47] Casapu, M.; Grunwaldt, J. D.; Maciejewski, M.; Baiker, A.; Wittrock, M.; Gobel, U.; Eckhoff, S. *Thermal ageing phenomena and strategies towards reactivation of NO$_x$-storage catalysts*, Topics in Catalysis **2007**, *42-43*(1-4), 3–7.

[48] Elbouazzaoui, S.; Courtois, X.; Marecot, P.; Duprez, D. *Characterisation by TPR, XRD and NO$_x$ storage capacity measurements of the ageing by thermal treatment and SO$_2$ poisoning of a Pt/Ba/Al NO$_x$-trap model catalyst*, Topics in Catalysis **2004**, *30-1*(1-4), 493–496.

[49] Hodjati, S.; Bernhardt, P.; Petit, C.; Pitchon, V.; Kiennemann, A. *Removal of NO$_x$: Part I. Sorption/desorption processes on barium aluminate*, Applied Catalysis B-Environmental **1998**, *19*(3-4), 209–219.

[50] Li, X. G.; Meng, M.; Lin, P. Y.; Fu, Y. L.; Hu, T. D.; Xie, Y. N.; Zhang, J. *Study on the properties and mechanisms for NO$_x$ storage over Pt/BaAl$_2$O$_4$-Al$_2$O$_3$ catalyst*, Topics in Catalysis **2003**, *22*(1-2), 111–115.

[51] Casapu, M.; Grunwaldt, J. D.; Maciejewski, M.; Baiker, A.; Eckhoff, S.; Gobel, U.; Wittrock, M. *The fate of platinum in Pt/Ba/CeO$_2$ and Pt/Ba/Al$_2$O$_3$ catalysts during thermal aging*, Journal of Catalysis **2007**, *251*(1), 28–38.

[52] Ottinger, N. A.; Toops, T. J.; Nguyen, K.; Bunting, B. G.; Howe, J. *Effect of lean/rich high temperature aging on NO oxidation and NO$_x$ storage/release of a fully formulated lean NO$_x$ trap*, Applied Catalysis B: Environmental **2010**, *101*(3-4), 486–494.

[53] Neimark, A. V.; Sing, K. S. W.; Thommes, M. *Surface Area and Porosity* In *Handbook of Heterogeneous Catalysis*; Ertl, G., Knözinger, H., Schüth, F., Weitkamp, J., Eds.; Wiley-VCH Verlag GmbH & Co. KGaA: Weinheim, 2008; 721–738; 2. Auflage.

[54] Chorkendorff, I.; Niemantsverdriet, J. W. *Solid Catalysts* In *Concepts of Modern Catalysis and Kinetics*; Wiley-VCH Verlag GmbH & Co. KGaA, 2005; 167–214.

[55] Anderson, J. A.; Fernandez Garcia, M. *Supported metals in catalysis;* Imperial College Press: London, 2005.

[56] Bergeret, G.; Gallezot, P. *Particle Size and Dispersion Measurements* In *Handbook of Heterogeneous Catalysis;* Ertl, G., Knözinger, H., Schüth, F., Weitkamp, J., Eds.; Wiley-VCH Verlag GmbH & Co. KGaA: Weinheim, 2008; 738–763; 2. Auflage.

[57] Takeguchi, T.; Manabe, S.; Kikuchi, R.; Eguchi, K.; Kanazawa, T.; Matsumoto, S.; Ueda, W. *Determination of dispersion of precious metals on CeO_2-containing supports*, Applied Catalysis a-General **2005**, *293*, 91–96.

[58] Tanabe, T.; Nagai, Y.; Hirabayashi, T.; Takagi, N.; Dohmae, K.; Takahashi, N.; Matsumoto, S.; Shinjoh, H.; Kondo, J. N.; Schouten, J. C.; Brongersma, H. H. *Low temperature CO pulse adsorption for the determination of Pt particle size in a Pt/cerium-based oxide catalyst*, Applied Catalysis a-General **2009**, *370*(1-2), 108–113.

[59] Wedler, G.; Freund, H.-J. *Lehrbuch der Physikalischen Chemie;* Wiley-VCH Verlag GmbH: Weinheim, 6. Auflage, 2012.

[60] Dinnebier, R. E.; Billinge, S. J. L. *Powder Diffraction - Theory and Practice;* The Royal Society of Chemistry: Cambridge, 2008.

[61] Pecharsky, V. K.; Zavalij, P. Y. *Fundamentals of Powder Diffraction and Structural Characterization of Materials;* Springer: New York, 2. Auflage, 2009.

[62] Reimer, L. *Transmission Electron Microscopy;* Springer-Verlag: Heidelberg, 3. Auflage, 1993.

[63] Fultz, B.; Howe, J. M. *Transmission Electron Microscopy and Diffractometry of Materials;* Springer-Verlag: Berlin, Heidelberg, 3. Auflage, 2008.

[64] Deutschmann, O. *Interactions between transport and chemistry in catalytic reactors*, Habilitationsschrift, Naturwisschenschaftlich-Mathematische Gesamtfakultät, Ruprecht-Karls-Universität Heidelberg, **2001**.

[65] Chatterjee, D. *Detaillierte Modellierung von Autoabgaskatalysatoren*, Dissertation, Naturwisschenschaftlich-Mathematische Gesamtfakultät, Ruprecht-Karls-Universität Heidelberg, **2001**.

[66] Tischer, S. *Simulation katalytischer Monolithreaktoren unter Verwendung detaillierter Modelle für Chemie und Transport*, Dissertation, Naturwisschenschaftlich-Mathematische Gesamtfakultät, Ruprecht-Karls-Universität Heidelberg, **2004**.

[67] Chatterjee, D.; Deutschmann, O.; Warnatz, J. *Detailed surface reaction mechanism in a three-way catalyst*, Faraday Discussions **2001**, *119*, 371–384.

[68] Atkins, P.; de Paula, J. *Physical Chemistry;* Oxford University Press: Oxford, 8. Auflage, 2006.

[69] Dumesic, J. A. *The Microkinetics of Heterogeneous Catalysis;* American Chemical Society: Washington, 1993.

[70] Mhadeshwar, A. B.; Wang, H.; Vlachos, D. G. *Thermodynamic consistency in microkinetic development of surface reaction mechanisms*, Journal of Physical Chemistry B **2003**, *107*(46), 12721–12733.

[71] DETCHEM software package. Deutschmann, O.; Tischer, S.; Kleditzsch, S.; Janardhanan, V. M.; Correa, C.; Chatterjee, D.; Mladenov, N.; Mihn, H.; Karadeniz, H. **2012**.

[72] Maier, L.; Schadel, B.; Delgado, K. H.; Tischer, S.; Deutschmann, O. *Steam Reforming of Methane Over Nickel: Development of a Multi-Step Surface Reaction Mechanism*, Topics in Catalysis **2011**, *54*(13-15), 845–858.

[73] Koltsakis, G. C.; Konstantinidis, P. A.; Stamatelos, A. M. *Development and application range of mathematical models for 3-way catalytic converters*, Applied Catalysis B-Environmental **1997**, *12*(2-3), 161–191.

[74] Raja, L. L.; Kee, R. J.; Deutschmann, O.; Warnatz, J.; Schmidt, L. D. *A critical evaluation of Navier-Stokes, boundary-layer, and plug-flow models of the flow and chemistry in a catalytic-combustion monolith*, Catalysis Today **2000**, *59*(1-2), 47–60.

[75] Lox, E. S. J.; Engler, B. H.; Janssen, F. J.; Garten, R. L.; Dalla Betta, R. A.; Schlatter, J. C.; Ainbinder, Z.; Manzer, L. E.; Nappa, M. J.; Parmon, V. N.; Zamaraev, K. I. *Environmental Catalysis* In *Handbook of Heterogeneous Catalysis*; Ertl, G., Knözinger, H., Schüth, F., Weitkamp, J., Eds.; Wiley-VCH Verlag GmbH: Weinheim, 2008; 1569–1595; 2. auflage.

[76] Bird, R. B.; Stewart, W. E.; Lightfood, E. N. *Transport Phenomena;* Wiley: New York, 2007.

[77] Kee, R. J.; Coltrin, M. E.; Glarborg, P. *Chemically reacting flow : theory and practice;* Wiley Interscience: Hoboken, NJ, 2003.

[78] Tischer, S.; Correa, C.; Deutschmann, O. *Transient three-dimensional simulations of a catalytic combustion monolith using detailed models for heterogeneous and homogeneous reactions and transport phenomena,* Catalysis Today **2001**, *69*(1-4), 57–62.

[79] Hayes, R. E.; Kolaczkowski, S. T. *Introduction to catalytic combustion;* Gordon & Breach: Amsterdam, 1997.

[80] Fogler, H. S. *Elements of Chemical Reaction Engineering;* Prentice Hall PTR: Upper Saddle River, NJ, 4. Auflage, 2006.

[81] Hayes, R. E.; Mok, P. K.; Mmbaga, J.; Votsmeier, M. *A fast approximation method for computing effectiveness factors with non-linear kinetics,* Chemical Engineering Science **2007**, *62*(8), 2209–2215.

[82] Janardhanan, V. M.; Deutschmann, O. *Computational Fluid Dynamics of Catalytic Reactors* In *Modeling and Simulation of Heterogeneous Catalytic Reactions;* Deutschmann, O., Ed.; Wiley-VCH Verlag GmbH & Co. KGaA: Weinheim, 2011; 251–282.

[83] Hayes, R. E.; Fadic, A.; Mmbaga, J.; Najafi, A. *CFD modelling of the automotive catalytic converter,* Catalysis Today **2012**, *188*(1), 94–105.

[84] Karadeniz, H.; Karakaya, C.; Tischer, S.; Deutschmann, O. *Numerical Modeling of Stagnation-Flows on Porous Catalytic Surfaces: CO Oxidation on Rh/Al_2O_3,* Chemical Engineering Science **2013**, http://dx.doi.org/10.1016/j.ces.2013.09.038.

[85] Mladenov, N.; Koop, J.; Tischer, S.; Deutschmann, O. *Modeling of transport and chemistry in channel flows of automotive catalytic converters,* Chemical Engineering Science **2010**, *65*(2), 812–826.

[86] Baerns, M.; Behr, A.; Brehm, A.; Gmehling, J.; Hofmann, H.; Onken, U.; Renken, A. *Technische Chemie;* Wiley-VCH: Weinheim, 1. Auflage, 2006.

[87] Boll, W.; Tischer, S.; Deutschmann, O. *Loading and Aging Effects in Exhaust Gas After-Treatment Catalysts with Pt As Active Component,* Industrial & Engineering Chemistry Research **2010**, *49*(21), 10303–10310.

[88] Hauff, K.; Tuttlies, U.; Eigenberger, G.; Nieken, U. *A global description of DOC kinetics for catalysts with different platinum loadings and aging status*, Applied Catalysis B-Environmental **2010**, *100*(1-2), 10–18.

[89] Boll, W.; Hauff, K.; Eigenberger, G.; Nieken, U.; Deutschmann, O. *Korrelation und Modellierung des Katalysatorumsatzverhaltens bei Variation der Edelmetallbeladung, des OSC und des Alterungszustandes*, Abschlussbericht, Forschungsvereinigung Verbrennungskraftmaschinen e.V., Heft 921, Frankfurt am Main, **2010**.

[90] Boll, W. *Korrelation zwischen Umsatzverhalten und katalytisch aktiver Oberfläche von Dieseloxidationskatalysatoren unter Variation von Beladung und Alterungszustand*, Dissertation, Fakultät für Chemie und Biowissenschaften, Karlsruher Institut für Technologie, **2011**.

[91] Karakaya, C.; Deutschmann, O. *A simple method for CO chemisorption studies under continuous flow: Adsorption and desorption behavior of Pt/Al_2O_3 catalysts*, Applied Catalysis a-General **2012**, *445*, 221–230.

[92] Ertl, G.; Knözinger, H.; Schüth, F.; Weitkamp, J. *Handbook of Heterogeneous Catalysis;* Wiley-VCH Verlag GmbH: Weinheim, 2. Auflage, 2008.

[93] Livio, D.; Diehm, C.; Donazzi, A.; Beretta, A.; Deutschmann, O. *Catalytic partial oxidation of ethanol over Rh/Al_2O_3: Spatially resolved temperature and concentration profiles*, Applied Catalysis A: General **2013**, *467*, 530–541.

[94] Hettel, M.; Diehm, C.; Torkashvand, B.; Deutschmann, O. *Critical evaluation of in situ probe techniques for catalytic honeycomb monoliths*, Catalysis Today **2013**, *216*, 2–10.

[95] Allian, A. D.; Takanabe, K.; Fujdala, K. L.; Hao, X.; Truex, T. J.; Cai, J.; Buda, C.; Neurock, M.; Iglesia, E. *Chemisorption of CO and Mechanism of CO Oxidation on Supported Platinum Nanoclusters*, Journal of the American Chemical Society **2011**, *133*(12), 4498–4517.

[96] Kahle, L. *Reaktionskinetik der Oxidation und Reformierung von H_2, CO und CH_4 über Platinkatalysatoren*, Dissertation, Fakultät für Chemie und Biowissenschaften, Karlsruher Institut für Technologie, **2013**.

[97] Koop, J.; Deutschmann, O. *Detailed surface reaction mechanism for Pt-catalyzed abatement of automotive exhaust gases*, Applied Catalysis B-Environmental **2009**, *91*(1-2), 47–58.

[98] Salomons, S.; Votsmeier, M.; Hayes, R. E.; Drochner, A.; Vogel, H.; Gieshof, J. *CO and H_2 oxidation on a platinum monolith diesel oxidation catalyst*, Catalysis Today **2006**, *117*(4), 491–497.

[99] Kissel-Osterrieder, R.; Behrendt, F.; Warnatz, J.; Metka, U.; Volpp, H. R.; Wolfrum, J. *Experimental and theoretical investigation of CO oxidation on platinum: Bridging the pressure and materials gap*, Proceedings of the Combustion Institute **2000**, *28*, 1341–1348.

[100] Elg, A.-P.; Eisert, F.; Rosen, A. *The temperature dependence of the initial sticking probability of oxygen on Pt(111) probed with second harmonic generation*, Surface Science **1997**, *382*(1-3), 57–66.

[101] Matam, S. K.; Kondratenko, E. V.; Aguirre, M. H.; Hug, P.; Rentsch, D.; Winkler, A.; Weidenkaff, A.; Ferri, D. *The impact of aging environment on the evolution of Al_2O_3 supported Pt nanoparticles and their NO oxidation activity*, Applied Catalysis B-Environmental **2013**, *129*, 214–224.

[102] Altman, E. I.; Gorte, R. J. *A study of small Pt particles on amorphous Al_2O_3 and alpha-$Al_2O_3(0001)$ substrates using TPD of CO and H_2*, Journal of Catalysis **1988**, *110*(1), 191–196.

[103] Szabo, A.; Henderson, M. A.; Yates, J. T. *Oxidation of CO by oxygen on a stepped platinum surface: Identification of the reaction site*, Journal of Chemical Physics **1992**, *96*(8), 6191–6202.

[104] Zafiris, G. S.; Gorte, R. J. *A study of CO, NO, and H_2 adsorption on model Pt/CeO_2 catalysts*, Surface Science **1992**, *276*(1-3), 86–94.

[105] Zafiris, G. S.; Gorte, R. J. *CO oxidation on Pt alpha-$Al_2O_3(0001)$ - Evidence for structure sensitivity*, Journal of Catalysis **1993**, *140*(2), 418–423.

[106] Salomons, S.; Hayes, R. E.; Votsmeier, M.; Drochner, A.; Vogel, H.; Malmberg, S.; Gieshoff, J. *On the use of mechanistic CO oxidation models with a platinum monolith catalyst*, Applied Catalysis B-Environmental **2007**, *70*(1-4), 305–313.

[107] Chan, D.; Hauff, K.; Nieken, U.; Deutschmann, O. *Interaktion zwischen Reaktiv- und Speicherkomponenten am NSK mit Fokus auf Desaktivierung und Alterung*, Abschlussbericht, Forschungsvereinigung Verbrennungskraftmaschinen e.V., Heft 978, Frankfurt am Main, **2013**.

[108] Hauff, K. *Thermische Alterung und reversible Deaktivierung von Dieseloxidations- und NO_x-Speicherkatalysatoren*, Dissertation, Fakultät für Energie-, Verfahrens- und Biotechnik, Universität Stuttgart, **2013**.

[109] Freund, A.; Friedrich, G.; Merten, C.; Eigenberger, G. *Pulsationsarmer Laborverdampfer für kleine Flüssigkeitsströme*, Chemie Ingenieur Technik **2006**, *78*(5), 577–580.

[110] Brinkmeier, C.; Eigenberger, G.; Bernnat, J.; Tuttlies, U.; Schmeißer, V.; Opferkuch, F. *Autoabgasreinigung - eine Herausforderung für die Verfahrenstechnik*, Chemie Ingenieur Technik **2005**, *77*(9), 1333–1355.

[111] Holmgren, A.; Andersson, B.; Duprez, D. *Interactions of CO with Pt/ceria catalysts*, Applied Catalysis B-Environmental **1999**, *22*(3), 215–230.

[112] Kim, D. H.; Chin, Y. H.; Muntean, G. G.; Yezeretz, A.; Currier, N. W.; Epling, W. S.; Chen, H. Y.; Hess, H.; Peden, C. H. F. *Relationship of Pt particle size to the NO_x storage performance of thermally aged $Pt/BaO/Al_2O_3$ lean NO_x trap catalysts*, Industrial & Engineering Chemistry Research **2006**, *45*(26), 8815–8821.

[113] Luo, J. Y.; Meng, M.; Li, X. G.; Zha, Y. Q. *Highly thermo-stable mesoporous catalyst $Pt/BaCO_3$-Al_2O_3 used for efficient NO_x storage and desulfation: Comparison with conventional impregnated catalyst*, Microporous and Mesoporous Materials **2008**, *113*(1-3), 277–285.

[114] Roy, S.; van Vegten, N.; Baiker, A. *Single-step flame-made $Pt/MgAl_2O_4$ - A NO_x storage-reduction catalyst with unprecedented dynamic behavior and high thermal stability*, Journal of Catalysis **2010**, *271*(1), 125–131.

[115] Nagai, Y.; Hirabayashi, T.; Dohmae, K.; Takagi, N.; Minami, T.; Shinjoh, H.; Matsumoto, S. *Sintering inhibition mechanism of platinum supported on ceria-based oxide and Pt-oxide-support interaction*, Journal of Catalysis **2006**, *242*(1), 103–109.

[116] Hosokawa, S.; Taniguchi, M.; Utani, K.; Kanai, H.; Imamura, S. *Affinity order among noble metals and CeO_2*, Applied Catalysis a-General **2005**, *289*(2), 115–120.

[117] Kim, C. H.; Schmid, M.; Schmieg, S.; Tan, J.; Li, W. *The Effect of Pt-Pd Ratio on Oxidation Catalysts Under Simulated Diesel Exhaust*, SAE Technical Paper **2011**.

[118] Theis, J. R.; McCabe, R. W. *The effects of high temperature lean exposure on the subsequent HC conversion of automotive catalysts*, Catalysis Today **2012**, *184*(1), 262–270.

[119] Arnby, K.; Assiks, J.; Carlsson, P.-A.; Palmqvist, A.; Skoglundh, M. *The effect of platinum distribution in monolithic catalysts on the oxidation of CO and hydrocarbons*, Journal of Catalysis **2005**, *233*(1), 176–185.

[120] Schmeisser, V.; Koop, J.; Eigenberger, G.; Nieken, U.; Deutschmann, O. *Modellierung und Simulation der NO_x-Minderung an Speicherkatalysatoren in sauerstoffreichen Abgasen*, Abschlussbericht, Forschungsvereinigung Verbrennungskraftmaschinen e.V., Heft 848, Frankfurt am Main, **2007**.

[121] Fridell, E.; Amberntsson, A.; Olsson, L.; Grant, A. W.; Skoglundh, M. *Platinum oxidation and sulphur deactivation in NO_x storage catalysts*, Topics in Catalysis **2004**, *30-1*(1-4), 143–146.

[122] Xue, E.; Seshan, K.; Ross, J. R. H. *Roles of supports, Pt loading and Pt dispersion in the oxidation of NO to NO_2 and of SO_2 to SO_3*, Applied Catalysis B-Environmental **1996**, *11*(1), 65–79.

[123] Schmitz, P. J.; Kudla, R. J.; Drews, A. R.; Chen, A. E.; Lowe-Ma, C. K.; McCabe, R. W.; Schneider, W. F.; Goralski, C. T. *NO oxidation over supported Pt: Impact of precursor, support, loading, and processing conditions evaluated via high throughput experimentation*, Applied Catalysis B-Environmental **2006**, *67*(3-4), 246–256.

[124] McCabe, R. W.; Wong, C.; Woo, H. S. *The passivating oxidation of platinum*, Journal of Catalysis **1988**, *114*(2), 354–367.

[125] Hwang, C.-P.; Yeh, C.-T. *Platinum-oxide species formed by oxidation of platinum crystallites supported on alumina*, Journal of Molecular Catalysis A: Chemical **1996**, *112*(2), 295–302.

[126] Putna, E. S.; Vohs, J. M.; Gorte, R. J. *Oxygen desorption from alpha-Al_2O_3(0001) supported Rh, Pt and Pd particles*, Surface Science **1997**, *391*(1-3), L1178–L1182.

[127] Wang, C.-B.; Yeh, C.-T. *Oxidation behavior of alumina-supported platinum metal catalysts*, Applied Catalysis A: General **2001**, *209*(1-2), 1–9.

[128] Mulla, S. S.; Chen, N.; Cumaranatunge, L.; Blau, G. E.; Zemlyanov, D. Y.; Delgass, W. N.; Epling, W. S.; Ribeiro, F. H. *Reaction of NO and O_2 to NO_2 on Pt: Kinetics and catalyst deactivation*, Journal of Catalysis **2006**, *241*(2), 389–399.

[129] Fridell, E.; Persson, H.; Westerberg, B.; Olsson, L.; Skoglundh, M. *The mechanism for NO_x storage*, Catalysis Letters **2000**, *66*(1-2), 71–74.

[130] Casapu, M.; Grunwaldt, J. D.; Maciejewski, M.; Krumeich, F.; Baiker, A.; Wittrock, M.; Eckhoff, S. *Comparative study of structural properties and NO_x storage-reduction behavior of $Pt/Ba/CeO_2$ and $Pt/Ba/Al_2O_3$*, Applied Catalysis B: Environmental **2008**, *78*(3-4), 288–300.

[131] Symalla, M. O.; Drochner, A.; Vogel, H.; Philipp, S.; Gobel, U.; Muller, W. *IR-study of formation of nitrite and nitrate during NO_x-adsorption on NSR-catalysts-compounds CeO_2 and BaO/CeO_2*, Topics in Catalysis **2007**, *42-43*(1-4), 199–202.

[132] Philipp, S.; Drochner, A.; Kunert, J.; Vogel, H.; Theis, J.; Lox, E. S. *Investigation of NO adsorption and NO/O_2 co-adsorption on NO_x-storage-components by DRIFT-spectroscopy*, Topics in Catalysis **2004**, *30-1*(1-4), 235–238.

[133] Olsson, L.; Fridell, E. *The influence of Pt oxide formation and Pt dispersion on the reactions NO_2 <-> $NO+1/2\ O_2$ over Pt/Al_2O_3 and $Pt/BaO/Al_2O_3$*, Journal of Catalysis **2002**, *210*(2), 340–353.

[134] Mulla, S. S.; Chen, N.; Delgass, W. N.; Epling, W. S.; Ribeiro, F. H. *NO_2 inhibits the catalytic reaction of NO and O_2 over Pt*, Catalysis Letters **2005**, *100*(3-4), 267–270.

[135] Hauptmann, W.; Drochner, A.; Vogel, H.; Votsmeier, M.; Gieshoff, J. *Global kinetic models for the oxidation of NO on platinum under lean conditions*, Topics in Catalysis **2007**, *42-43*(1 4), 157 160.

[136] Bhatia, D.; McCabe, R. W.; Harold, M. P.; Balakotaiah, V. *Experimental and kinetic study of NO oxidation on model Pt catalysts*, Journal of Catalysis **2009**, *266*(1), 106–119.

[137] Boubnov, A.; Dahl, S.; Johnson, E.; Molina, A. P.; Simonsen, S. B.; Cano, F. M.; Helveg, S.; Lemus-Yegres, L. J.; Grunwaldt, J. D. *Structure-activity relationships of Pt/Al_2O_3 catalysts for CO and NO oxidation at diesel exhaust conditions*, Applied Catalysis B-Environmental **2012**, *126*, 315–325.

[138] Brown, W. A.; Kose, R.; King, D. A. *Femtomole adsorption calorimetry on single-crystal surfaces*, Chemical Reviews **1998**, *98*(2), 797–831.

[139] Fan, J.; Wu, X. D.; Liang, Q.; Ran, R.; Weng, D. *Thermal ageing of Pt on low-surface-area CeO_2-ZrO_2-La2O3 mixed oxides: Effect on the OSC performance*, Applied Catalysis B-Environmental **2008**, *81*(1-2), 38–48.

[140] Ji, Y. Y.; Easterling, V.; Graham, U.; Fisk, C.; Crocker, M.; Choi, J. S. *Effect of aging on the NO_x storage and regeneration characteristics of fully formulated lean NO_x trap catalysts*, Applied Catalysis B-Environmental **2011**, *103*(3-4), 413–427.

A. Nomenklatur

A.1. Lateinische Symbole

Notation	Bezeichnung	Einheit
a_i^{eq}	Aktiviät im Gleichgewichtszustand	
A_{BET}	spezifische Oberfläche nach BET	$m^2\,g^{-1}$
A_{cat}	Katalytisch aktive Oberfläche	m^2
A_{geo}	Geometrische Oberfläche	m^2
A_i	Symbol für die i-te Spezies	
A_k	Präexponentieller Faktor	mol, cm, s
$B(2\theta)$	Halbwertsbreite	rad
Bo	Bodensteinzahl	
c_i	Konzentration der Spezies i	$mol\,m^{-2}$, $mol\,m^{-3}$
C	BET-Konstante $\propto \exp\left[\frac{(H_1-H_i)}{RT}\right]$	
d	Kanaldurchmesser	m
d_A	Netzebenenabstand	m
D	Dispersion	
D_{ax}	axialer Dispersionskoeffizient	$m^2\,s^{-1}$
$D_{\mathrm{eff},i}$	effektiver Diffusionskoeffizient	$m^2\,s^{-1}$
D_i	Diffusionskoeffizient	$m^2\,s^{-1}$
$\bar{D}_i$	kombinierter Diffusionskoeffizient	$m^2\,s^{-1}$
$D_{\mathrm{knud},i}$	Knudsen-Diffusionskoeffizient	$m^2\,s^{-1}$
$D_{\mathrm{mol},i}$	molekularer Diffusionskoeffizient	$m^2\,s^{-1}$
E_{ak}	Aktivierungsenergie	$kJ\,mol^{-1}$

A. Nomenklatur

$F_{\text{cat/geo}}$	Verhältnis der katalytischen zur geometrischen Oberfläche	
$G_{l/r}(2\theta)$	Gaußfunktion	
G_i^0	Freie Enthalpie der Spezies i	J
$\Delta_{Rk}G^0$	Freie Standardreaktionsenthalpie	J mol^{-1}
h	Plancksches Wirkungsquantum	J s
h_i	Spezifische Enthalpie	J kg^{-1}
$\Delta_{Rk}H^0$	Standardreaktionsenthalpie	J mol^{-1}
H_1	Adsorptionsenthalpie in der Monoschicht	J mol^{-1}
H_i	Adsorptionsenthalpie in der Schicht i	J mol^{-1}
$j_{i,r}$	Radiale Diffusionsstromdichte der Spezies i	mol m^{-2} s^{-1}
k_{fk}	Geschwindigkeitskoeffizient der Hinreaktion	
k_{rk}	Geschwindigkeitskoeffizient der Rückreaktion	
k_w	Wärmeübergangskoeffizient	J s^{-1} m^{-2} K^{-1}
K	Scherrer-Konstante (Strukturfaktor für Kristallitform)	
K_s	Anzahl der Oberflächenreaktionen	
K_{pk}	Gleichgewichtskonstante (Konzentration)	
L	Reaktorlänge	m
L_c	mittlere Kristallitgröße	m
$L_{l/r}(2\theta)$	Lorentzfunktion	
L_W	Washcoatdicke	m
m	Teilchenmasse	g
M_i	Molare Masse der Spezies i	kg mol^{-1}
n	Grad des Beugungsmaximums	
n_a	Brechungsindex vor der Objektivlinse	
n_{ads}	adsorbierte, spezifische Stoffmenge	mol g^{-1}
n_i	Molenbruch der Spezies i	
n_m	spezifische Stoffmenge in der Monoschicht	mol g^{-1}
$n_{\text{EM}}^{\text{surf}}$	Anzahl der zugänglichen Oberflächenatome des Edelmetalls	

n_{EM}^{total}	Gesamtanzahl der Atome des Edelmetalls	
N_A	Avogadro-Konstante	mol^{-1}
N_g	Anzahl der Gasphasenspezies	
N_s	Anzahl der Oberflächenspezies	
p	Druck	Pa
p_0	Sättigungsdampfdruck	Pa
q_r	Wärmestromdichte	$J\ s^{-1}\ m^{-2}$
r	Radiale Koordinate	m
r_k	Kappilarradius	m
r_p	Porenradius	m
R	Universelle Gaskonstante	$J\ mol^{-1}\ K^{-1}$
Re_d	Reynolds-Zahl	
$\dot{s}_i$	Bildungsgeschwindigkeit der Spezies i auf der Oberfläche	$mol\ m^{-2}\ s^{-1}$
$\dot{s}_{eff}$	Effektive Reaktionsgeschwindigkeit	$mol\ m^{-2}\ s^{-1}$
$\dot{s}_{max}$	Maximale Reaktionsgeschwindigkeit	$mol\ m^{-2}\ s^{-1}$
S_i^0	Anfangshaftkoeffizient der Spezies i	
S_i^{eff}	Haftkoeffizient der Spezies i	
$\Delta_{Rk} S^0$	Standardreaktionsentropie	$J\ K^{-1}$
Sc	Schmidt-Zahl	
Sh_i	Sherwood-Zahl	
t	Zeit	s
t_{phys}	Dicke der physisorbierten Schicht	m
T	Temperatur	K
T_W	Temperatur der Kanalwand	K
u	Axiale Strömungsgeschwindigkeit	$m\ s^{-1}$
v	Radiale Strömungsgeschwindigkeit	$m\ s^{-1}$
v_e	Geschwindigkeit	$m\ s^{-1}$
V_m	molares Volumen von flüssigem N_2	$[m^3\ mol^{-1}]$
Y_i	Massenbruch der Spezies i	
z	Axiale Koordinate	m

A.2. Griechische Symbole

Notation	Bezeichnung	Einheit
α	halber Öffnungswinkel des Objektivs	rad
β_i	Stoffübergangskoeffizient	m s^{-1}
β_k	Parameter für die Temperaturabhängigkeit von A_k	
γ	Verhältnis der katalytisch aktiven Oberfläche zum Washcoatvolumen	m^{-1}
γ_{N2}	Oberflächenspannung von N_2 am Siedepunkt	N m^{-1}
Γ	Oberflächenplatzdichte	mol m^{-2}
δ_{min}	Auflösungsgrenze	m
ε_{ik}	Parameter für die bedeckungsabhängige Aktivierungsenergie	kJ mol^{-1}
ε_p	Porosität	
η	Lorentzfaktor	
η_i	Effektivitätskoeffizient	
θ	Glanzwinkel	°
$2\theta_0$	Position des Reflexes	°
Θ_i	Oberflächenbedeckungsgrad der Spezies i	
λ	Luftverhältnis	
λ_L	Wellenlänge	m
λ_W	Thermische Leitfähigkeit	J m^{-1} s^{-1} K^{-1}
μ	Viskosität	kg m^{-1} s^{-1}
μ_{ik}	Parameter für die bedeckungsabhängige Reaktionsordnung	
ν'_{jk}	Stöchiometrischer Koeffizient der Edukte	
ν_{ik}	Stöchiometrischer Koeffizient der Produkte	
$\tilde{\nu}'_{jk}$	Reaktionsordnung	
ρ	Dichte	kg m^{-3}

ρ_i	Dichte der Spezies i	kg m^{-3}
σ	Platzbedarf eines Adsorptiv-Moleküls	m^2
σ_i	Anzahl der von einem Adsorbat der Spezies i belegten Oberflächenplätze	
τ	Tortuosität	
Φ_i	Thiele-Modul	
$\dot{\omega}_i$	Bildungsgeschwindigkeit der Spezies i in der Gasphase	mol m^{-3} s^{-1}

A.3. Indizes

Notation	Bezeichnung	Einheit
i, j	Spezies	
k	Nummer der Reaktion	
l	links	
r	rechts	
W	Washcoat	

A.4. Abkürzungen

Abkürzung	Bedeutung
BET	Brunauer-Emmet-Teller
BJH	Barret-Joyner-Halenda
CEM	Verdampfer (controlled evaporator and mixer)
cpsi	Channels per square inch
CSTR	Kontinuierlicher Rührkesselreaktor (continuously stirred tank reactor)
$DeNO_x$	Stickoxidminderung
DFT	Dichtefunktionaltheorie
DOC	Dieseloxidationskatalysator
DPF	Dieselpartikelfilter
EDX	Energiedispersive Röntgenspektroskopie
FTIR	Fourier-Transformations-Infrarotspektroskopie
GHSV	Raumgeschwindigkeit $[h^{-1}]$ (gas hourly space velocity)
HC	Kohlenwasserstoffe (hydrocarbons)
HAADF	High-angle annular dark field
MFC	Massenflussregler (mass flow controller)
MS	Massenspektrometer
NO_x	Stickoxide
NSC	NO_x-Speicherkatalysator
OSC	Sauerstoffspeicherkapazität
SAED	selected area electron diffraction
SATP	Normalbedingungen (standard ambient T and p: 25 °C, 1013 hPa)
SCR	Selektive katalytische Reduktion
STEM	Rastertransmissionselektronenmikroskopie
TEM	Transmissionselektronenmikroskopie
TPD	Temperatur programmierte Desorption
PAH	Polyzyklische aromatische Kohlenwasserstoffe
XRD	Röntgendiffraktometrie

Publikationen

Veröffentlichungen

[1]   D. Chan, A. Gremminger, O. Deutschmann
Topics in Catalysis 56(1-8) **2013** 293.

[2]   D. Chan, K. Hauff, U. Nieken, O. Deutschmann
KASPar (Katalysator-Alterungs-Schnell-Parametrisierung), Abschlussbericht,
Forschungsvereinigung Verbrennungskraftmaschinen e.V. (FVV) **2013** Heft 978.

[3]   K. Hauff, W. Boll, S. Tischer, D. Chan, U. Tuttlies, G. Eigenberger,
O. Deutschmann, U. Nieken
Chemie Ingenieur Technik 85(5) **2013** 673.

[4]   D. Chan, K. Hauff, U. Nieken, O. Deutschmann
MTZ, Ausgabe 12/2013.

[5]   D. Chan, S. Tischer, J. Heck, C. Diehm, O. Deutschmann
Applied Catalysis B - Environmental 156 **2014** 153.

Tagungsvorträge

[1]   W. Boll, D. Chan, S. Tischer, O. Deutschmann
44. Jahrestreffen Deutscher Katalytiker mit Jahrestreffen Reaktionstechnik **2011**
Weimar, Deutschland

[2]   K. Hauff, D. Chan, V. Schmeißer, O. Deutschmann, U. Nieken
22. Aachener Kolloquium Fahrzeug- und Motorentechnik **2013**
Aachen, Deutschland

[3]   D. Chan, K. Hauff, V. Schmeißer, U. Nieken, O. Deutschmann
3rd Aachen Colloquium China Automobile and Engine Technology **2013**
Peking, China

Posterbeiträge

[1] D. Chan, S. Tischer, W. Boll, O. Deutschmann
44. Jahrestreffen Deutscher Katalytiker mit Jahrestreffen Reaktionstechnik **2011**
Weimar, Deutschland

[2] D. Chan, D. Zink, W. Boll, S. Tischer, A. Boubnov, M. Bauer,
J.-D. Grunwaldt, O. Deutschmann
3rd International Symposium on Modeling of Exhaust-Gas After-Treatment **2011**
Bad Herrenalb, Deutschland

[3] D. Chan, O. Deutschmann
45. Jahrestreffen Deutscher Katalytiker **2012**
Weimar, Deutschland

[4] D. Chan, A. Gremminger, O. Deutschmann
9th International Congress on Catalysis and Automotive Pollution Control **2012**
Weimar, Deutschland

[5] D. Chan, O. Deutschmann
XIth European Congress on Catalysis **2013**
Lyon, Frankreich

Danksagung

Für das Gelingen dieser Arbeit bedanke ich mich im Besonderen bei

Prof. Dr. Olaf Deutschmann für die Aufgabenstellung und Betreuung der Arbeit. Besonders hervorheben möchte ich dabei das mir entgegengebrachte Vertrauen und die Freiheiten bei der Durchführung und Präsentation der wissenschaftlichen Arbeiten.

Prof. Dr. Ulrich Nieken und Dr. Karin Hauff für die experimentelle Untersuchung des Umsatzverhaltens der NO_x-Speicherkatalysatoren und anregende Diskussionen im Rahmen des FVV-Projekts.

der Umicore AG & Co. KG für die Bereitstellung der Katalysatoren.

der FVV e.V. für die finanzielle Unterstützung und anregenden Diskussionen im projektbegleitenden Arbeitskreis unter der Leitung von Dr. Volker Schmeißer.

Dr. Steffen Tischer für die tatkräftige Unterstützung im Bereich der Simulation.

Andreas Gremminger für die Dispersionsmessungen am NO_x-Speicherkatalysator bei -78 °C im Rahmen seiner Vertieferarbeit.

Di Wang für die Durchführung der elektronenmikroskopischen Untersuchungen.

Angela Beilmann, Azize Ünal, Jan Pesek und insbesondere Jasmin Heck für die Unterstützung bei der Durchführung experimenteller Arbeiten.

Dr. Matthias Hettel, Yvonne Dedecek und Ursula Schwald für die Verwaltungsarbeiten und Leonhard Rutz für die Computeradministration.

Prof. Dr. Jan-Dierk Grunwaldt für die Übernahme des Korreferats.

Dr. Steffen Tischer, Andreas Gremminger, Jochen Schütz und Benjamin Mutz für das gründliche Korrekturlesen dieser Arbeit.

Weiterhin möchte ich mich ausdrücklich bei allen Kollegen für das freundliche Arbeitsklima am Institut bedanken, insbesondere danke ich Claudia Diehm für die Freundschaft bei den zahlreichen gemeinsamen Herausforderungen seit der Studienzeit. Ein besonders herzlicher Dank gilt meinen Eltern und meiner Schwester für die Unterstützung in allen Lebenslagen.